A CHOICE COLLECTION

OF

BOOKS

ON

ZOOLOGY AND BOTANY

FROM THE STOCK

OF

MARTINUS NIJHOFF
BOOKSELLER

SPRINGER-SCIENCE+BUSINESS MEDIA, B.V.

1930

ISBN 978-94-015-2267-0   ISBN 978-94-015-3509-0 (eBook)
DOI 10.1007/978-94-015-3509-0
Softcover reprint of the hardcover 1st edition 1930

PRICES ARE IN DUTCH GUILDERS
1 $ = 2.50 GUILDERS. 1 GUILDER = 40 AMERICAN CENTS

———

My american customers may send their orders through **my** New-York agents, Messrs Tice & Lynch, 21 Pearlstreet, New-York city, to whom I have regular shipments.

———

Cablegrams : Books Hague.

I. GENERAL

1. **Abella y Casariego, E.**, Rápida descripcióan física, geológica y menera de Isla de Cebú (Archipiélago Filipino). Madrid, 1886. Av. 7 cartes. d. veau. 10.—
2. **Acosta, J. de,** Historia natural y morales de las Indias, en que se tratan las cosas notables del cielo, y elementos, metales, plantas, y animales dellas: y los ritos, y ceremonias, leyes, y govierno y guerras de los Indios. Madrid, 1607. 4to. vél. 125.—
    Edition espagnole recherchée. Elle est divisée en 7 livres, tandisque l'édition originale latine ne contient que les deux premiers livres.
    Avec l'ex-libris du célèbre voyageur James Bruce.
3. **d'Anania, G. L.**, L'universale fabrica del mondo, overo cosmografia, il cielo, e la terra, particol. le città, monti, laghi, etc..... delle leggi, e costumi di molti popoli, de gli alberi, e dell'h e r b e, e d'altre cose, e medicinali. Venetia, 1582. Av. 5 cartes se dépliant, représent. les deux hémisphères, l'Europe, l'Asie, l'Afrique et l'Amérique. 4to. vél. 90.—
    Les pp. 186—298 traitent de l'Asie, les pp. 299—350 de l'Afrique, les pp. 351—402 d e l'Amérique.
    Une piqûre insignif. dans la marge inférieure.
4. **Ballet, J.**, La Guadeloupe. Renseignements sur l'histoire, la flore, la faune, la géologie, la minéralogie, l'agriculture, le commerce, l'industrie, la législation, l'administration (1625—1774). Basse-Terre, 1890—1899. 3 tom. 5 vol. gr. in-8vo. d. mar. bleu. *Bel ex.* 80.—
5. **Barthema, L.**, Hodaeporicon Indiae Orientalis, d.i. Warhafftige Beschreibung der Reysz.... in.... Syrien, beide Arabien, Persien und Indien, auch in Egypten und Ethyopien, ... Neben Vermeldung.... von Thieren und Gewächsen, ... Sitten, Leben. Polycey, etc. (A. d.) Ital. d. H. Megiser. Lpz. 1608. Av. 21 cartes et pl. pet. in-8vo. br. 60.—
    Contient e. a. les chap. suivants: Von der Insul Goa in Indien. — Von den Elefanten und ihrer Natur. — Von den Bramini. — Von der Specerey, so zu Calicut wechst. — Von dem Indian. Nuszbaum. — Von Zeylan der Insul, da viel Edelgestein gefunden werden. — Von der Insul Sumatra. — Von dreierley sorten des Paradeiszholtzes. — Von der Insul Maluch, da die Näglin wachsen. — Von der Insul Java. — Von der Insul Mozambich. — Von Capo di buona Sperantza.
    Nom coupé du titre. Marque de bibliothèque.
6. **Berkel, A. van,** Amerikaansche voyagien, behelz. een reis naar Rio de Berbice, gelegen op het vaste land van Guiana, aan de

NATURAL SCIENCES

Wildekust van America, mitsg. een andere na de colonie van Suriname, ... met alle de bijzonderheden noopende de zeden, gewoonten, en levenswijs der inboorlingen, b o o m e n, a a r d g e w a s s e n, waaren en koopmanschappen, en andere aanmerkelijke zaaken. Amst., J. ten Hoorn, 1695. Av. front. et 2 pl. se dépliant. grav. p. Luyken. 4to. d. veau. (Rel. mod.) 150.—

    Le voyage de Van Berkel est très intéressant pour la connaissance des moeurs et coutumes des Indiens et la botanique de l'Amérique du Sud.

7. **Bogaert, A.**, Historische reizen door d'oostersche deelen van Asia, de zeden, drachten, wetten en godtsdienst der zelve inwoonders, en wat verder wegens de d i e r e n, p l a n t e n, v r u c h t e n, enz. aanmerkenswaardig is: mitsg. een verhaal van den Bantamschen inlandschen oorlog, het verdrijven der Francoizen uit Siam, en 't geen aan Kaap de Goede Hoop in 1706 is voorgevallen. 2e dr. Rott., J. D. Beman, 1731. Av. front. portrait et 15 cartes. 4to. vél. 150.—

    Voyage intéressant et rare, surtout avec le portrait de l'auteur par A. de Blois d'après D. v. d. Naes.
    L'auteur donne des informations personnelles concernant les troubles de Van der Stel, une des causes célèbres du Cap de la Bonne Espérance.

8. **Bosman, W.**, Nauwkeurige beschrijving van de Guinese Goud- Tand- en Slavekust, nevens alle desselfs landen, koningryken, en gemene besten; van de zeeden der inwoonders, hun godsdienst.... mitsg. de gesteldheid der lands, v e l d- en b o o m- g e w a s s e n, d i e r e n, enz. Utrecht, A. Schouten, 1704. 2 tom. 1 vol. Av. front., portr. et 29 pl. 4to. vél. 75.—

    Première édition. L'auteur a été directeur du commerce à la côte de Guinée. Son ouvrage est très intéressant et il fut cinq fois réimprimé.

9. **Bridgewater treatises.** London, Pickering, 1834. 8 tom. 12 vol. toile orig. 15.—

    Contient e. a.: **Roget,** Animal and vegetable physiology. — **Kirby,** History, habits, and instincts of animals. — **Chalmers,** On the power, wisdom and goodness of God. — **Kidd,** The adoptation of external nature to the physical condition of man. — **Whewell,** Astronomy and general physics. — **Bell,** The Land, its mechanism and vital endowments as evincing design. — **Buckland,** Geology and mineralogy. — **Prout,** Chemistry. — etc.

10. **Bruin, C. de,** Reizen over Moskovie, door Persie en Indie. Verrykt met 300 kunstplaten, vertoonende de beroemste lantschappen en steden.... b e e s t e n, g e w a s s e n e n p l a n t e n, oudheden, voornam. die van het hof van Persepolis. Amst., R. en G. Wetstein, 1714. Av. front., portr. et env. 300 cartes et pl. se dépliant. fol. veau. 60.—

    Ex. sur grand papier.
    De Bruin était le premier auquel le Tsar permettait de dessiner tout ce qui se trouve dans son pays. Les grandes pl. sont fort remarquables. Elles donnent e. a. des vues sur Moscou et Spahan, longues de plus de **2 mètres**.

11. **Dampier, W.**, Nieuwe reystogt rondom de werreld, waarin beschreeven.... de land-engte van Amerika, verscheydene kusten en eylanden in Westindie, de eylanden van Kabo Verde.... van Chili, Peru, Mexiko, Kambodia, Cina, Formosa, Celebes, Nieuw Holland, Sumatra, Kaap van Goede Hoop, en Sante Helena. Mitsg. derz. g e w a s s e n, g e d i e r t e n, en inwooners,

Prices are in guilders. One guilder = 40 Amer. cents. 1 $ = 2.50 guilders

hunne gewoonten, handel, enz. U. h. Eng. d. W. Sewel. 's-Grav. A. de Hondt, 1698, 1700. 2 tom. 1 vol. Av. 2 front., 10 cartes et 13 pl. p. J. Luiken. — **L. Wafer,** Nieuwe reystogt en beschryving van de land-engte van Amerika, bergen, 't aardryk, deboomen, de beesten, enz. Midsg. de Indiaansche inwoonders, hunne zeeden, werk, beestejagt, taal enz. U. h. Eng. d. W. Sewel. Ibid. 1700. Av. carte et 4 pl. — En 1 vol. 4to. vél.   60.—

12. **Dapper, O.,** Naukeurige beschrijvinge der Afrikaensche gewesten van Egypten, Barbaryen, Lybien, Guinea, Ehtiopiën, etc. vertoont in steden, g e w a s s e n,   d i e r e n, zeeden, talen, rijkdommen, etc. 2en dr. Amst., J. v. Meurs, 1676. 3 tom. 1 vol. Av. 9 cartes et 25 pl. et ill. fol. veau.   50.—

13. **Elbert, J.,** Die Sunda Expedition des Vereins für Geographie und Statistik zu Frankfurt a. M. Frankf. a. M. 1911, 12. 2 vol. Av. 7 cartes et 61 pl. en couleurs et noires et 297 ill. 4to. br. (24.—)   12.—
    Die Insel Lombok. — S.-O. Celebes und seine Inseltrabanten. — Die Insel Kabaëna. — Die Insel Sumbawa. — Die Insel Flores, Wetar. — Geograph. Ergebnisse der Sunda-Epxedition (Meteorlog., botan., zoolog. Untersuch.).

14. **Gumilla, J.,** El Orinoco ilustrado, h i s t o r i a   n a t u r a l, civil, y geographica, de este gran rio, y de sus caudalosas vertientes. Govierno, usos, y costumbres de los Indios .... y utiles noticias de animales, arboles, frutos, etc. Madrid, 1741. Av. grande carte et 2 pl. 4to. veau espagnol.   85.—
    Heredia, no. 7813. Première édition, très rare. „Cet ouvrage est un des plus curieux et des plus intéressants publiés sur l'Orénoque, dont l'auteur était Supérieur des Missions."
    Les premiers feuillets légèrement tachés d'eau.

15. —— Histoire naturelle, civile et geograph. de l'Orenoque Des coûtumes des Indiens .... des a r b r e s ,f r u i t s, h e r b e s et des racines médicinales. Trad. de l'espagnol p. Eidous. Avignon, 1758. 3 tom. 1 vol. Av. carte pliée et 2 pl. pet. in-8vo. cart.   30.—

16. **Hedin, Sven.** Scientific results of a journey in Central Asia, 1899—1902. Ed. by E. Dahlgren and A. Lagrelius. Stockholm, 1904—08. 6 vol. de texte, av. 411 cartes et pl. hors texte et de nombr. ill. gr. in-4to. d. veau et d. rel. unif., et 3 vol. de 111 cartes. fol. En portef.   400.—

17. **H(erlein), J. D.,** Beschryvinge van de volk-plantinge Zuriname, vertonende de opkomst dier zelver colonie, de aanbouw en bewerkinge der zuiker-plantagien, den aard der Indianen, als ook de slaafsche Afrikaansche mooren.... d e   b o s c h-g r o n d, w a t e r-   e n   p l u i m g e d i e r t e n,   v r u g t e n,   g o m m e n,   o l y e n en de gesteltheit van de Karaïbaansche kust. Leeuw., M. Injema, 1718. Av. front. carte et 4 pl. 4to. d. vél. *Ex. très grand de marges.*   60.—
    Pp. 249—262: Karaïbaansch woordenboek.

18. **Hints, Practical,** to scientific travellers. Ed. by H. A. Brouwer. 2d revised ed. The Hague, 1925—29. Vol. I—VI. 7 vols. W. maps and 59 pl. cloth.   Each vol. 5.—
    The principal object of this book is to compile the experiences of

scientific explorers in differ. countries. It has not the intention to furnish the traveller with a compendium of scientific learning. Many travellers however, although well equipped with regard to scientific work, are only poorly informed as to the things of everyday life. Yet this knowledge is hardly less necessary for the success of a journey.
The work is divided as follows:
Vol. I. **The Netherlands East Indies.** By H. A. Brouwer and N. Wing Easton. — **South and East Africa.** By P. A. Wagner and T. G. Trevor. — **The Philippines.** By W. D. Smith.
Vol. II. **Polar regions.** By Werenskiold. — **Spitsbergen.** By A. Hoel. — **Novaya Zemlya.** By A. Holtedahl. — **Greenland.** By O. B. Bøggild. — **Turkestan.** By D. Mushketow.
Vol. III. **Mexico.** By J. A. A. Mekel. — **L'Indo-Chine.** Par E. Patte. — **India and Burma.** By H. Walker. — **New Zealand.** By P. Marshall. — **New Guinea.** By E. R. Stanley. — **Le Maroc,** Par G. Lecointre.
Vol. IV. **Egypt.** By O. H. Little. — **Angola.** By F. J. Faber. — **Australia.** By Griffith Taylor, R. Lockhart Jack, a. o. — **Antarctica.** By Griffith Taylor. — **Venezuela.** By E. A. L. Gevaerts. — **Haiti.** By W. P. Woodring.
Vol. V. **Ecuador.** By H. Adrian and H. Hintermann. — **Eastern Congo.** By N. H. van Doorninck and H. J. Schuiling. — **Nord-Mandschurei, Amur- und Küstenland im fernen Osten Asiens.** By E. E. Ahnert. — **Malay Peninsula.** By J. B. Scrivenor.
Vol. VI. **Canada.** By E. M. and L. T. Burwash. —**Argentine Republic.** By H. E. Althaus. — **Oceania.** By P. Marshall. — **Madagascar.** By L. Joleaud. — **Tropical West Africa.** By F. and M. P. Thorbecke.
Vols. I and II are in the 2d revised edition.

19. **(Houttuyn, M.),** Natuurlyke historie of uitvoerige beschryving der dieren, planten en mineraalen, volgens het samenstel van Linnaeus. Amst. 1761—85. 37 vol. Av. 291 pl. veau, dos dor. 100.—
Bel ex. dans une très bonne reliure unif. du temps.

20. **HUMBOLDT ET BONPLAND,** Voyage aux régions équinoxiales du Nouveau Continent. Paris, 1807—39. 5000.—
An absolutely complete copy of this valuable work should contain the following divisions. We indicate the only part we lack.
Division I: Voyage aux régions équinoxiales.
1st section: Relation historique. 3 vols. C o m p l e t e.
2d section: Vues des Cordillères. With 69 plates. C o m p l e t e.
3d section: Atlas géographique et physique. With 39 maps, partly coloured. C o m p l e t e.
4th section: Examen critique de l'histoire de géographie du Nouveau Continent. 4 vols. C o m p l e t e.
We possess the 8vo edition, publ. 1836—1839, consisting of 5 vols. The folio edition bears the date (1814—1834, numbers 562 pages, and the contents of same correspond *exactly*, with the exception of very slight differences in two annotations, with the contents of the 5 vols. in-8vo. W e h a v e c o m p a r e d t h e t w o e d i t i o n s v e r y c a r e f u l l y, and there cannot be henceforth any question of „abridged or unfinished edition", as erroneous remarks of Brunet and his imitators might suggest.
This part of the work has never been finished, neither in the folio nor in the 8vo edition, b u t b o t h e d i t i o n s a r e e x a c t l y a l i k e.
Maps 33, 34, 36 and 39 of the „Atlas" are bound up with vol. 5 of the „Examen critique".
Division II: Recueil d'observations de zoologie. 2 vols. With 48 plates. C o m p l e t e.
Division III: Essai politique sur le royaume de la Nouvelle Espagne. 2 vols. With atlas. C o m p l e t e.
Divison IV: Recueil d'observations astronomiques. 2 vols. C o m p l e t e.
Division V: Physique général et géologie. C o m p l e t e.

Prices are in guilders. One guilder = 40 Amer. cents. 1 $ = 2.50 guilders

Divison VI: Botanique.
1st section: Plantes équinoxiales. 2 vols. With 144 plates. C o m-
p l e t e.
2d section: Melastomacées. 2 vols. With 60 plates. C o m p l e t e.
3rd section: Nova genera plantarum. 7 vols. With 700 plates.
C o m p l e t e.
4th section: Mimoses. With 60 plates. C o m p l e t e.
5th section: Graminées. 3 vols. Missing.
A fine and **nearly complete copy** of the „edition de luxe", of the best edition printed on „papier vélin", having **the plates in exquisitely fine colouring**. Bound in full calf. The only part missing, viz. the work on the Graminées, may be found separately.
From the library of the Grand-duke of Oldenburg.

21. **Kaempfer, E.,** Beschryving van Japan. Ouden en tegenwoord. staat en regeering.... tempels, paleysen, kasteelen.... metaelen, b o o m e n, p l a n t e n, d i e r e n, v o g e l e n en vis- s c h e n.... oorspronk. afstamming.... godsdienst, koophandel met de Nederlanders en Chineesen, benevens beschrijv. van Siam. Amst. ,A. v. Huyssteen, 1733. Av. front., 48 cartes et pl. fol. d. veau. 75.—

22. **Kolbe, P.,** Naaukeurige.... beschryving van de Kaap de Goede Hoop; behelz..... een verhaal van den tegenw. toestant.... haven, regeeringsvorm...., nevens.... beschryving van het klimaat... d i e r e n...., p l a n t e n....; waar by.... beschryving van den oorsprong der Hottentotten. Amst., B. Lakeman, 1727. 2 tom. 1 vol. Av. portr., 6 cartes et 46 pl. fol. veau, dos doré. 175.—
Cette édition hollandaise est la plus belle, surtout à cause des cartes spéciales de la colonie et des gravures remarquables.
Ex. en très bon état.

23. —— Description du Cap de Bonne-Esperance, ou l'on trouve tout ce qui concerne l'h i s t o i r e-n a t u r e l l e, la religion, les mœurs et les usages des Hottentots, et l'établissement des Hollandois. Amst., J. Catuffe, 1742. 3 vol. Av. 5 cartes et 25 pl. pet. in-8vo. veau. 20.—

24. **Midden-Sumatra.** Reizen en onderzoekingen der Sumatra expeditie. Beschreven onder toez. van P. J. Veth. Leiden, 1880—92. 4 tom. 6 vol. Av. pl. en couleurs et en noir. 4to. Av. atlas. fol. Ens. 7 vol. dos et coins chagr. brun. *Bel ex.* 75.—
Division: I. Reisverhaal. 2 vol. — II. Aardrijkskundige beschrijving d. D. D. Veth. Av. atlas de 16 cartes in-fol. — III. Volksbeschrijving, taal- en letterkunde d. A. L. v. Hasselt. Av. atlas ethnograph. de 128 pl. color. et noires. — IV. Natuurlijke historie d. J. F. Snelleman, A. L. v. Hasselt en J. G. Boerlage.
Compte-rendu des explorations scientifiques de l'expédition dans l'intérieur de l'ile de Sumatra, entreprise sous les auspices de la Société néerlandaise de géographie.

25. **Montanus, A.,** De nieuwe en onbekende weereld, of beschryving van America en 't Zuid-Land, vervaet. den oorsprong der Americaenen en Zuid-landers, gedenkwaerdige togten derwaerds, vergen, huisen, b e e s t e n, b o o m e n, p l a n t e n en v r e e m- d e g e w a s s c h e n, etc. Amst., J. Meurs, 1671. Av. front., 7 portr., 16 cartes, 32 pl. et de nombr. grav. dans le texte. fol. veau. (Dos endomm.) 275.—
Tiele, no. 763. Le plus important ouvrage sur l'Amérique publié en

Hollande au XVIIe siècle. Il contient aussi le premier récit imprimé des découvertes de Tasman, tiré des informations de Haelbos, chirurgien de l'expédition. On trouve e. a. le portrait de Joan Maurits van Nassouw, pas mentionnée dans la table des matières, une vue de Nouv.-Amsterdam, des cartes de la Nouv.-Néerlande, de la Virginie, du Brésil, une grande carte de l'Amérique etc.
Ex. sur grand papier avec de belles impressions des planches. Petite restauration au titre.

26. **Montanus, A.**, Gedenkwaerdige gesantschappen der Oost-Indische Maetschappy, in Nederland, aen de Kaisaren van Japan. Beschryving van de dorpen, steden, landschappen. dragten, d i e r e n ,   g e w a s s c h e n , enz..... vereeuwde en nieuwe oorlogs-daeden der Japanders. Amst., J. Meurs, 1669. Av. front. carte et de nombr. pl. et figg. fol. vél. cordé. 80.—
Première édition.

27. **Nieuhoff, J.**, Gedenkweerdige Brasiliaense zee- en lantreize beneffens een beschrijving van gantsch Neerlants Brasil, zoo van lantschappen, steden, dieren, gewassen, enz. en inzonderheit een verhael der merkwaardigste voorvallen die zich van 1640 tot 49 hebben toegedragen. — Zee- en lantreize door verscheide gewesten van Oostindien.... beneffens een beschrijving van lantschappen, steden, d i e r e n ,   g e w a s s e n , draghten, zeden, enz., een verhael van Batavia. Amst., J. v. Meurs, 1682. Av. front., portrait, 4 cartes, 45 très belles pl. et de nombr. ill. dans le texte. fol. vél. *Ex. sur grand papier*. 150.—

28. **Nieuhoff, J.**, Het gezandtschap der Neêrlandtsche Oost-Indische Compagnie, aanden grooten Tartarischen Cham, den tegenwoord. keizer van China; waar in de gedenkwaard. geschied., die onder het reizen door de Sineesche landtschappen, Quantung, Kiangsi, Nanking, Peking, etc. van 1655 tot 1657 zijn voorgevallen. Beneff. beschryvinge der Sineesche steden ...., zeden, godsdiensten, g e w a s s e n , d i e r e n ,etc. en oorlogen tegen de Tarters. Amst., Wolfgang, Waasberghe, e.a. 1693. Av. front., portr., carte, pl. et ill. fol. veau. 80.—
Histoire de la première ambassade de la Compagnie Néerlandaise des Indes Orientales vers la Chine.

29. **D'ORBIGNY, A.**, Voyage dans l'Amérique Méridionale (le Brésil, la République orientale de l'Uruguay, la République Argentine, la Patagonie, la République du Chili, la République **de** Bolivia, la République du Pérou), exécuté pendant les années 1826—1833. Paris, 1835—47. 7 vols. and 2 vols. of plates. With portrait, 19 maps, 2 folding tables, and 415 plates (295 coloured). roy. 4to. half Russia extra. 3800.—
Contents:
Vol. I—III, 1. Partie historique. Portrait and 74 plates (vues 29, coutumes et usages 11, costumes 13 (12 coloured), antiquités 21 (1 coloured).
III, 2. Géographie. 9 maps and 2 folding tables.
III, 3. Géologie. 10 maps (9 coloured) and 22 plates.
III, 4. Paléontologie. (See Géologie for plates).
IV, (1). Homme.
IV, 2. Mammifères. 22 plates (18 coloured).
IV, 3. Oiseaux. 67 coloured plates.
V, 1. Reptiles. 9 coloured plates.
V, 2. Poissons. 16 coloured plates.

Prices are in guilders. One guilder = 40 Amer. cents. 1 $ = 2.50 guilders

V, 3. Mollusques. 86 plates (83 coloured).
V, 4. Zoophytes. 13 plates.
V, 5. Foraminifères. 9 plates (3 coloured).
VI, 1. Crustacés. 18 coloured plates.
VI, 2. Insectes. 32 coloured plates.
VII, 1, 2. Cryptogamie. 15 plates (7 coloured).
VII, 3. Palmiers. 32 plates (29 coloured).
Magnificent copy in an excellent contemporary binding, with the initials of the archduke Carl Ludwig of Austria on the back.

30. **Paradiesz, Das kleine,** gezeiget an St. Helenen Insul, welche in diesem paszirenden 1673. Jahre von denen Holländern eingenommen und besetzet worden. S. l. 1673. Av. vue de Ste Hélène sur le titre. 4to. cart. 75.—
Traite surtout de l'histoire naturelle de l'île.

31. **Piso, G.,** Historia naturalis Brasiliae, cont. De medicina Brasiliensi ll. IV et Georgi Marcgravi de Liebstad Historiae rerum naturalium Brasiliae ll. VIII, Joh. de Laet in ord. digessit. L. B., Elsevier, 1648. Av. titre gravé et de nombr. ill., grav. s. bois, dans le texte. fol. vél. dor., dor. s. tr. 250.—
Willems, no. 1068. Ouvrage classique et très important sur l'histoire naturelle du Brésil.
Ex. exceptionnel ayant le titre et les nombr. gravures s u p e r b e-
m e n t c o l o r i é e s. La marge inférieure avec qq. tâches d'humidité, du reste un très bel ex.

32. **Pistorius, Th.,** Beschryvinge van Zuriname, waar in de gelegenheid deezer volkplantinghe, derzelver rivieren, kreeken, forten, waterwerken, deszelfs inwoonderen, de leevensmanier der slaaven, de v r u g t- e n a n d e r e b o o m e n, en d i e r e n; een berigt van het zuikerriet, zuiker- en koffy-plantagien, moolens....; een verhaal van de moord aan van Sommelsdyk. Amst., Th. Crajenschot, 1763. Av. 4 pl. 4to. d. veau, non rogné. 40.—

33. **Rauwolf, L.,** Aigentliche beschreibung der Raiss, so er vor diser zeit gegen Auffgang in die Morgenländer, fürneml. Syriam, Judaeam, Arabiam, Mesopotamiam, Babyloniam u.s.w. selbs volbracht; neben vermeldung etlicher.... G e w ä c h s e n. (Laugingen), G. Willers, 1583. 4 vols. in 1. 4to. stamped pigskin. 160.—
The 4th part contains 42 fine woodcuts representing exotic plants. This 4th part is usually missing.
A remarkably fine copy with large margins in a excellent binding, dated 1586. Library stamp on title.

34. **Reiche, Die drey, der** Natur. Nürnberg, 1776—80. 3 tom. 1 vol. Av. 60 pl., color. à la main, de singes, plantes et pétrifications. 4to. vieux mar. rouge, fil., dent. intér., tr. dor. 40.—
I. Thierreich. — II. Pflanzenreich. — III. Stein- und Mineralreich.

35. **(Rochefort, C. de),** Histoire naturelle et morale des Iles Antilles de l'Amérique. Av. vocabulaire caribe. 2e éd. reveuë et augm. Rotterdam, A. Leers, 1665. Av. front., 3 pl. et grav. dans le texte. 4to. vél. doré. *Très bel ex.* 90.—
Les 3 planches de cette édition ne se trouvent pas dans la première éd.; la description de l'île de Tabago y est beaucoup plus étendue.

36. **Rüppel, E.,** Atlas zu der Reise im nördlichen Afrika. Hrsg. v. d.

Senckenbergischen naturforsch. Gesellschaft. Frankf. 1826—28. 5 parties en 3 vol. Av. 119 pl. color. gr. in-4to. d. mar. 110.—
> I. Säugetiere. Av. 30 pl. — II. Vögel. Av. 36 pl. — III. Reptilen. Av. Stein Klippen, mit Cypern und Candien, darinnen befindtl. Stätten, Thieren Vöglen, Fischen, Früchten, etc. Augspurg, 1687. Av. 27 (au lieu de 28) cartes et pl.

37. **Scheuchzer, J. J.**, Geestelyke natuurkunde. (U. h. Lat. d. F. H. J. v. Halen). Amst., P. Schenk, 1735—38. 15 tom. 6 vol. Av. 2 portr. et 750 belles pl. en taille-douce p. J. A. Pfeffel. fol. veau écaillé. 60.—
> Histoire naturelle d'après la bible. Parmi les 750 belles gravures, qui font le principal mérite de cet ouvrage, il s'en trouve beaucoup qui offrent des sujets qui n'ont pas été gravés ailleurs et c'en est assez pour rendre ce grand ouvrage indispensable aux naturalistes.

38. **Smith, W.**, New voyage to Guinea: describing the customs, manners, soil, climate, habits etc., Likewise an account of their a n i m a l s, minerals etc., London, 1744. Av. 5 pl. 8vo. veau. 15.—

39. **Thunberg, C. P.**, Voyages au Japon par le Cap de Bonne-Espérance, les isles de la Sonde, etc. Trad. et augm. de notes considér. sur la religion, le commerce, etc., les langues, partic. le Javan et le Malai p. L. Langles, et revues, quant à l'h i s t o i r e   n a t u r e l l e p. J. B. Lamarck. Paris, 1796. 2 vol. Av. portrait et 28 pl. 4to. d. veau. 90.—
> La 8e partie est intitulée: Voyage à Java, séjour à Batavia (185 pp.). la 10e contient beaucoup sur l'île de Ceylan.
> Bel ex. de la meilleure édition de cet ouvrage recherché. Marque de bibliothèque sur le titre.

40. **Tournefort, P. de,** Relation d'un voyage du Levant, conten. l'histoire ancienne et moderne de plus. isles de l'Archipel, de Constantinople, des côtes de la Mer Noire, de l'Arménie, de la Georgie, des frontières de Perse et de l'Asie Mineure, etc. Paris, 1717. 2 vol. Av. 20 cartes, plans, vues topograph. (e.a. Galipoli, Erzeroum, Smyrne, etc.), 50 pl., représent. des f l e u r s   e t   d e s   p l a n t e s rares, 28 pl. de costumes et 25 pl. représent. des exemples d'architecture etc. Plein veau fauve, fil. sur les plats, dent. intér., dos dor., dor s. tr. 60.—
> Très bel ex., très frais, dans une belle reliure.

41. **Wagner, J. Chr,.** Interiora orientis detecta, oder Beschreibung aller groszen Reiche des Orients, als das sind: Persien, Indien, Visiapour, Malabar u. Coromandel, Bisnagar, Narsinga, Siam, Cambodia, Cochin-china, und Tunquin. Samt deren Städten, Seen, G e w ä c h s e n, T h i e r e n, F i s c h e n u. G e f l ü g e l, wie auch Sitten, Kleider-Trachten, Künste etc. Samt Anhang, enthält. eine Fortsetzung der Ungar- u. Türckischen Chronik seit Aug. 1685. Augspurg, 1686. Av. front., portrait, cartes et pl. fol. ais en bois, recouv. de peau de truie estamp. *Bel ex.* 60.—

42. **Zichy.** — **Dritte Asiatische Forschungsreise** des Grafen Eugen Zichy. (Texte hongrois et allemand). Lpz. 1900—06. 6 tom. 5

Prices are in guilders. One guilder = 40 Amer. cents.1 $ = 2.50 guilders

vol. Av. 28 pl. (en couleurs et en noir) et 1033 figg. 4to. d. veau.
130.—
I. **Jankö, J.**, Herkunft der magyarischen Fischerei. — II. **Zoologische Ergebnisse**, red. von G. Horváth. — III—IV. Archaeologische Studien auf Russischen Boden. — V. Sammlung Ostjakischer Volksdichtungen, Heldengesänge mytholog. Inhalts .... von J. Papay. — VI. Forschungen im Osten zur Aufhebung des Ursprungs der Magyaren. Geschichtliche Uebersicht.
Epuisé.

II. ZOOLOGY

43. **Albertus Magnus,** Liber secretorum de virtutibus herbarum: et animalium quorundam. Ejusdemque liber de mirabilibus mundi. Venetiis, J. B. Sessa, 1502. Av. grande grav. s. bois sur le titre. 4to. cart. 125.—
   Ex. lavé. Qq. pp. assez courtes de marge.

44. **Aldrich, J. M.,** Catalogue of North American diptera. (or two-winged flies). Wash. 1905. 680 pp. 10.—

45. **Aldrovandus, U.,** De quadrupedibus solidipedibus. Bonon. 1616. Avec titre gravé et figg. fol. ais en bois recouv. de veau estamp. 15.—
   Edition originale. Un petit trou dans le titre. Sauf cela bel exemplaire.

46. **Animaux, Les.** Les invertébrés par L. Joubin. Les vertébrés par A. Robin. Paris, (v. 1920). Av. 29 pl., dont 11 en couleurs et 1110 ill. fol. d. veau. 10.—

47. **Anslyn Nz., N.,** Afbeeldingen van Nederlandsche dieren. Leiden, 1838. 2 vol. Av. 172 pl. color., dont 94 de poissons. d. veau. 12.—

48. **Arnold, E. G.,** British waders. Illustrated in water-colour with descriptive notes. Cambridge, 1924. Av. 51 belles pl. en couleurs. 4to. toile, tête dor. 42.—

49. **Balen, J. H. van,** De dierenwereld van Insulinde in woord en beeld. Dev. 1914, 15. 2 vol. Av. pl., dont 24 en couleurs et de nombr. ill. toile. 18.50
   I. Zoogdieren. — II. Vogels.

50. **Barboza du Bocage, J. V.,** Ornithologie d'Angola. Lisbonne, 1881. Av. 10 pl. color. p. Keulemans. 10.—

51. **Barreto, A. L. C. A. de Barros,** Revisão da sub-familia subulurinae Travassos, 1914. Rio de Janeiro, 1918. Av. 23 pl. 6.—

52. **Baudement, E.,** Les races bovines au concours universel en 1856. Etudes zootechniques. Paris, 1861. 2 vol. Av. 5 cartes color. et 87 belles pl. en héliogravure et en lithographie. fol.-obl. toile. 20.—
   Les figures représentent les races bovines des îles Britanniques (21 pl.), de la Hollande et du Danemarc (10 pl.), de la Suisse et de l'Allemagne (12 pl.), de l'empire d'Autriche (19 pl.), de la France (25 pl.).

53. **Bechstein, J. M.,** Naturgeschichte der Stubenvögel. Halle, 1840. Av. 7 pl., dont 6 en couleurs. cart. 4.—

54. **Becker, L.**, Les arachnides de Belgique. Brux. 1882, 96. 3 parties. 2 vol. Av. 2 atlas de 70 pl. color. Ens. 4 vol. fol. cart. 55.—
   Annales du Musée royal d'histoire natur. t. X, XII.

55. **Bendire, Ch.**, Life histories of North American birds with special reference to their breeding habits and eggs. Wash. 1892. Av. pl. d'oeufs en couleurs. gr. in-4to. toile. 30.—
   Smithson. Instit. Spec. Bull. 1.

56. **Bertoni, M. S.**, Descripción física y económica del Paraguay. Asunción, (v. 1914), 18. 2 vol. 14.—
   I. Fauna Paraguaya. Catálogos sistemát. de los vertebrados del Paraguay hasta 1913. — II. Las periodicidades aparentes o reales de las luvias y tempestades.

57. **BLEEKER, P.**, Atlas ichthyologique des Indes Orientales Néerlandaises. Amst. 1862—78. T. I—VIII, IX, pp. 1—80. Av. 420 pl. color. fol. d. veau. *Bel ex.* 1250.—
   Ouvrage magnifique et unique dans son genre du fameux ichthyologue néerlandais. Les belles planches coloriées ont été exécutées avec le plus grand soin.
   Tout ce qui a paru.

58. **Bochart, Sam.**, Hierozoici seu de animalibus S. Scripturae compendium. Ed. S. M. Vecsei Ungarus. Franeq., J. Gyselaar, 1690. 4to. br. 10.—

59. **Brants, A.**, Het geslacht der muizen. Berlijn, 1827. Av. pl. 3.—

60. **Brehm's** Tierleben. 3e Aufl. Lpz. 1890—93. 10 vol. Av. de nombr. pl. en couleurs et en noir. En livr. 15.—

61. **Brookes, S.**, Anleit. zu dem Studium der Conchylienkunde. A. d. Engl. verm. von C. G. Carus. Lpz. 1823. Av. 12 pl. color. et noires. 4to. cart. 12.50

62. **Buffon**, Oeuvres complètes, suivies de ses continuateurs Daubenton, Lacépède, Cuvier, Duméril, Poiret, Lesson et Geoffrey St. Hilaire. Brux. 1828—33. 20 vol. Av. de nombr. pl. color. et noires. d. veau. 30.—

63. **Burgersdijk, L. A. J.**, De dieren. Leiden, 1863—73. 3 vol. Av. 246 pl. color. En livr. 7.50

64. **Charleton, G.**, Onomasticon zoicon, plerorumque animalium different. et nomina propria pluribus linguis exponens. Cui acc. mantissa anatomica; et quaedam de variis fossilium generibus. Londini, 1668. Av. pl. 4to. vél. 10.—

65. **Claparède, E.**, Recherches sur l'évolution des araignées. Utrecht, 1862. Av. 8 pl. color. 4to. cart. 5.—

66. —— et **J. Lachmann**, Etudes sur les infusoires et les rhizopodes. (Genève, 1860). 3 vol. Av. 37 pl. gr. in-4to. br. 45.—

67. **Congrès internat. de zoologie.** 3e session. Leyde, 16—21 sep. 1895. Compte-rendu. Leyde, 1896. Av. 4 pl., dont 2 color., et figg. 7.50
   Contient e. a.: **E. Dubois**, Pithecanthropus erectus, eine menschenaehnliche Uebergangsform.

68. **Congrès mondial** d'aviculture. Ottawa, 1927. Rapport des délibérations. Ottawa, 1927. Av. portrait, 12 pl. et ill. toile. (15.—)
   10.—

Prices are in guilders. One guilder = 40 Amer. cents. 1 $ = 2.50 guilders

69. **(Copineau)**, Ornithotrophie artificièle ou art de faire éclôre et d'élever la volaille par le moyen d'une chaleur artificièle. Paris, 1780. Av. 4 pl. se dépliant. pet. in-8vo. veau, dos doré. 15.—

70. **Cuyer, E.**, et **E. Alix**, Le cheval. Extérieur, structure et fonctions races. Paris, 1886. Av. 16 pl. color., découpées et superposées et 172 ill. dans le texte. 4to. br. 7.50

71. **Dammerman, K. W.**, The agricultural zoology of the Malay Archipelago. The animals injurious and beneficial to agriculture, horticulture and forestry in the Malay Peninsula, The Dutch East Indies and the Philippines. Amst. 1929. Av. carte, 40 pl. en couleurs et en noir et 179 figg. toile. 22.50

72. **Darwin, Ch.**, Works. N. York, Appleton, 1897—98. 15 vol. Av. ill. d. veau, tête dor. 35.—

73. —— Biologische meesterwerken. Bew. d. H. Hartogh Heys v. Zouteveen en T. C. Winkler. Arnhem, 1890—92. 7 vol. Av. portr. et figg. d. rel. *Epuisé*. 12.50

74. **Denton, F.**, Moths and butterflies of the United States, east of the Rocky Mountains, as nature shows them. With over 400 photographic ill. in the text and many transfers of species from life. Boston, 1900. 2 vol. mar. du Levant à fers spéciaux, dos dor., dent. intér. 150.—
    Cet ouvrage est surtout de valeur p a r c e   q u e   l ' o n   a   l e s   p a p i l l o n s   m ê m e s, c'est-à-dire leurs ailes à deux côtés, sous les yeux, tandis que le corps est imprimé d'après des gravures et puis colorié à la main.

75. **Descourtilz, J. T.**, Ornithologie brésilienne ou histoire des oiseaux du Brésil, remarquable par leur plumage, leur chant ou leurs habitudes. Rio de Janeiro, (1856). Av. 48 pl. conten. les représent. de 164 oiseaux, superbement color. gr. in-fol. dos et coins en mar. 250.—

76. **(Dézaillier d'Argenville, A. J.)**, La conchyliologie, qui traite des colquillages de mer, de rivière et de terre.... augm. de la zoomorphose. Nouv. éd. Paris, 1757. 2 tom. 1 vol. Av. front. p. Boucher et 40 pl. gr. in-4to. veau. 12.50

77. **Dubois, E.**, Pithecanthropus erectus, eine menschenähnliche Übergangsform aus Java. Amst. 1895. Av. 2 pl. et 8 figg. 6.—
    Epuisé et très rare. Réimpression de l'édition originale, av. quelques augmentat. et corr.
    Cette réimpression forme l'année 1895 du Jaarboek v. h. mijnwezen.

78. **Duncan, J.**, Entomology. Edinb. 1835—44. 7 vol. Av. front., portr. et 220 pl. color. pet. in-8vo. toile. 15.—
    I. Introduction. II. Beetles. III. British butterflies. IV. British moths. V. Foreign butterflies. VI. Bees. VII. Foreign moths.

79. **Dyar, H. G.**, and **C. H. Fernald**, etc., A list of North American lepidoptera and key to the literature of this order of insects. Wash. 1902. 723 pages. 7.50

80. **Dyk, C. van**, Osteologia, of nauwkeurige geraamt beschryving van verscheyde dieren, nevens hare historien. Amst., J. ten Hoorn, 1680. Av. front. et 20 pl., dont 16 p. J. Luyken et 3 p. J. Harrewyn, d'après C. v. Dyck. pet. in-8vo. vél. 10.—

82. **Ergebnisse** einer zoolog. Forschungsreise in den südöstl. Molukken (Aru- und Kei-Inseln) ausgeführt von H. Merton. Frankf. a. M.1910—18. 9 fasc. Av. cartes, pl. et ill. gr. in-4to. br. (112.50)
75.—
Abhandl. der Senckenberg. Naturforsch. Gesellsch., XXXIII—XXXV, 1—2.

83. **Everts, Ed.,** Coleoptera Neerlandica. De schildvleugelige insecten van Nederland en het aangrenzend gebied. 's-Grav. 1898—1922. 3 forts vol. Av. suppl. Av. 14 pl. et 143 figg. toile. (60.—)
30.—
L'ouvrage principal analytique sur les coléoptères des Pays-Bas.

84. **Fabre, J. H.,** Souvenirs entomologiques. 1e—9e Série. 9e—13e éd. Paris, 1917—19. 11 vol. Av. portrait et ill. 40.—

85. —— Le monde merveilleux des insectes. Paris, 1921. Av. pl. en couleurs et en noir et des ill. de P. Méry. 4to. d. rel. (19.50)
10.—

86. **Fauna and geography, The,** of the Maldive and Laccadive Archipelagoes. Account of the work carried on and of the collections made by an expedition dur. 1899 and 1900. Ed. by J. S. Gardiner. Cambr. 1903, 06. 2 vol. Av. 100 pl. et 154 ill. 4to. toile. 30.—
Contient des contributions de J. S. Gardiner, H. Gadow, A. E. Shipley, S. J. Hickson, e. a.

87. **Finsch, O.,** Die Papageien. Leiden, 1867. 3 vol. Av. carte et 6 pl. color. br. 9.—
Vorder- und Hinter-Indien. — Ceylon. — Himalaya und Cashmir. — Siam und Cochenchina. — Australien. — etc.

88. **Forbes, E.,** Monograph of the British naked-eyed medusae. London, 1848. Av. 13 pl. color., conten. tous les spécimens. fol. d. rel. 4.50

89. **Germain, L.,** Mollusques terrestres et fluviatiles. Résultats scientif. du voyage dans l'Afrique orientale anglaise, 1913, p. G. Babault. Paris, 1923. Av. 4 pl. et figg. 4to. br. 7.50

90. **Gosse, Ph. H.,** The birds of Jamaica. London, 1847. d. veau.
15.—

91. **Gray, M. E.,** Figures of molluscous animals selected from various authors. London, 1874, 57. 5 tom. 3 vol. Av. portrait, 417 pl. à l'eau-forte et figg. toile. 25.—
Epuisé.

92. **Grinnell, J., H. C. Bryant** and **T. I. Storer,** The game birds of California. Berkeley, 1918. Av. 16 pl. en couleurs et de nombr. ill. toile (25.—) 18.—

93. **Gronovius, L. Th.,** Museum ichthyologicum, sistens piscium indigenorum et quorundam exoticorum qui in Museo L. Th. Gronovii adservantur, descriptiones. Lugd. Bat., Th. Haak, 1754. Av. 4 pl. fol. veau. 12.50

94. **Grouse, The,** in health and in disease, being the final report of the Committee of inquiry on grouse disease. London, 1911. 2 vol. Av. 41 cartes sur 6 ff. 59 pl. en couleurs et en noir et 31 ill. gr. in-4to. toile, tête dor. 65.—
Le principal ouvrage sur les perdrix.

Prices are in guilders. One guilder = 40 Amer. cents. 1 $ = 2.50 guilders

95. **Harting, P.,** Leerboek van de grondbeginselen der dierkunde. Tiel, 1862—74. 3 tom. 6 vol. Av. figg. d. rel. 5.—
96. **Hengeveld, G. J.,** Het rundvee, zijne verschillende soorten, rassen en veredeling. 2e verm. dr. Haarlem, 1865. 2 vol. Av. 88 pl. color. d. veau. 25.—
  Le t. I traite des restes fossiles de la famille des boeufs, de la famille des boeufs en général (Indes, Afrique, Amérique, Europe) et du boeuf en Europe, le t. II dus gros bétail dans les Pays-Bas.
97. **Heckel, J. C.,** Fische aus Caschmir. Wien, 1838. Av. 13 pl. 4to. br. 5.—
98. **Henrard, J. Th.,** Monograph of the genus Aristida. S. l. 1929. T. I. Av. 60 pl. 4to br. 7.50
99. **Hens, P. A.,** Avifauna der Nederl. provincie Limburg, benevens eene vergelijking met die der aangrenzende gebieden. Maastr. 1926. Av. pl., conten. 55 ill. 4to. d. rel. 7.50
100. **Hoek, P. P. C.,** Report on the pycnogonida (Challenger Report). London, 1881. Av. 21 pl. 4to. br. 10.—
  Report on the scientific results of the voyage of H. M. S. Challenger, 1873—76.
101. —— Report on the cirripedia coll. by H. M. S. Challenger during the years 1873—76. London, 1883. Av. 12 pl. 4to. br. 10.—
102. **Hoeven, J. van der,** L'histoire naturelle et l'anatomie des limules. Leyde, 1838. Av. 7 pl. de figg. gr. in-4to. cart. 6.—
103. **Howard, H. E.,** Territory in bird life. London, 1920. Av. 11 pl. et 2 plans. toile. (12.60) 6.—
104. **Hudson, W. H.,** Birds of La Plata. London, 1920. 2 vol. Av. 44 pl. en couleurs. d. rel. 22.50
105. **Jardine, W.,** Ornithology. Edinb. 1834—43. 14 vol. Av. front., portr. et 460 belles planches color. 12mo. toile. 28.—
106. **Jaubert, J. B.,** et **Barthélemy-Lapommeraye,** Richesses ornithologiques du midi de la France, ou description, de tous les oiseaux observés en Provence et dans les dép[ts] circonvoisins. Paris, 1862. Av. 20 pl. lithograph. color. gr. in-4to. br. 15.—
107. **Jerdon, T. C.,** Illustration of Indian ornithology, containing 50 figures of new unfigured and interesting species of birds chiefly from the South of India. Madras, 1847. Av. 50 pl. finement color. 4to. dos et coins en mar. rouge, plats en toile, tête dor., couv. orig. conservées. 100.—
  Très bel ex., grand de marges, d'un livre rare.
108. **Kay, J. E. de,** Birds of New York. Albany, 1844. Av. 308 ill. sur 141 pl. en couleurs. 4to. toile. 50.—
109. **Knorr, G. W.,** Verlustiging der oogen en van den geest, of verzameling van allerley bekende hoorens en sculpen, die in haar eigen kleuren afgebeeld zijn. Amst. 1770—75. 6 tom. 2 vol. Av. 190 pl. color. 4to. d. veau. *Bel ex.* 50.—
  Les belles planches représentent un grand nombre de coquilles. Sur de petites feuilles on a annoté en ms. la plupart des noms latins.
110. **Kuroda, N.,** Contribution to the knowledge of the avifauna of the Riu-Kiu Islands and the vicinity. Tokyo, 1925. Av. carte et 8 pl. en couleurs. fol. d. rel. 40.—

Mart. Nijhoff, The Hague — Cat. No. 559

111. **Küster, H. C.**, und **G. Kraatz,** Die Käfer Europa's. N. d. Natur. Nürnb. 1844—73. 29 vol. Av. pl. 22.—
112. **Leeuwenhoek, A. van,** Werken. Leiden, Delft, 1684—1718. 4 vol. Av. 3 front., portrait, 100 pl. et figg. dans le texte. 4to. vél. *Bel ex.* 200.—
   Contient: Ontledingen en ontdekkingen. 1684—86. Av. front., 6 pl. et de nombr. figg. — Vervolg der brieven, etc. 1687—1702. Av. front. portrait, 63 pl. et figg. (= 3 vol. formant ens. les missives 28—146). — Sendbrieven 1—46. 1718. Av. front. et 31 pl.
      Edition complète hollandaise. Les „brieven" 1—27 n'ont jamais été publiées.
113. —— Opera omnia. Delphis et Lugd. Bat., 1719—30. 4 vol. Av. 3 front., portrait et 109 pl. et plusieurs fig. dans le texte. 4to. veau. 250.—
   Exemplaire complet de l'édition latine rare et très recherchée.
114. **Lier, J. van,** Traité des serpens et des vipères qu'on trouve dans le pays de Drenthe. (Texte français et néerland.). Amst. 1781. Av. front. et 3 pl. color. 4to. d. veau. 15.—
   Marque de bibliothèque sur le titre.
115. **Lucas, R.,** Catalogus alphabeticus generum et subgenerum coleopterorum orbis terrarum totius. Berlin, (1920). T. I. Fort vol. de 700 pp. 8vo. br. (30.—) 20.—
116. **Marsh, O. C.,** Dinocerata. Monograph of an extinct order of gigantic mammals. Wash. 1884. Av. 56 pl. et de nombr. figg. gr. in-4to. toile. 30.—
117. **Marsili, A. F.,** Danubius Pannonico-mysicus, observationibus geographicis, astronomicis, hydrographicis, historicis, physicis perlustratus. H. C. 1726. 6 vols. W. 6 front. by Houbraken and Ottens, 282 maps and plates, illustr. of the scenery, natural history, antiquities, etc. connected with the Danube and numer. remarkable vign., culs-de-lampe and initials. imp. folio. Hfvellum. *Large paper copy.* 350.—
   „Cet ouvrage, rare et curieux, est magnifiquement imprimé. Les amateurs recherchent l'édition latine, parce qu'elle a l'avantage de contenir les premières épreuves des figures. Le premier volume renferme la description du cours du Danube, depuis sa source jusqu'uà son embouchure (av. 46 cartes et pl.); le second, les antiquités qu'on voit aux environs de ce fleuve (av. 66 pl.); le troisième, les minéraux qu'on trouve sur ses bords (av. 35 pl.); le quatrième, les poissons qui arrivent dans son cours (av. 33 pl.); le cinquième les oiseaux qui fréquentent ses rivages (av. 74 pl.); le sixième, des observations sur la source de ce fleuve, sur la rapidité de ses eaux comparée à celle de la Theiss, sur les oiseaux dont il est parlé dans le cours de l'ouvrage (av. 28 pl.); suit le catalogue des plantes qui croissent sur les bords du Danube, et des quadrupèdes qui les habitent, etc." (Biogr. univ. t. XXVII).
   A complete copy, as ours, is rare.
118. **Muybridge, E.,** Animals in motion. Electro-photographic inves-. tigation of consecutive phases of animal progressive movements. London, 1899. Av. portr. et de nombr. pl. 4to-obl. toile. 12.—
119. **Niphus, A.,** Expositiones in omnes Aristotelis libros de historia animalium, de partibus animalium et earum causis, ac de generatione animalium. Venet., H. Scotus, 1546. fol. veau. 15.—
120. **Notions** des sciences naturelles applicables aux usages de la vie. Manuscrit offert à Monsieur Porsin par Aug[ste] Duhamel. Titre

Prices are in guilders. One guilder = 40 Amer. cents. 1 $ = 2.50 guilders

et 174 pp. Dans une reliure plein chagrin vert, plat et tr. dor. 30.—
<blockquote>Manuscrit curieux, très net et très lisible, du milieu du 19e siècle. Il commence par un titre ms., dans un encadrement dessiné, orné de jolies figg., coloriées et rehaussées d'or, en imitation d'un titre imprimé du temps; puis un autre titre ms., 1 f. d'Avertissement, et enfin le texte, comptant 172 pp.
Ce texte est divisé en 4 „embranchements", chacun précédé d'un titre séparé, richement orné, colorié et rehaussé d'or. Puis dans le texte on trouve plus de 100 jolis dessins, tous finement coloriés, de toutes sortes d'animaux (mammifères, oiseaux, poissons, insectes, etc.). Au commencement un f. se dépliant, contenant un dessin de l'intérieur de l'homme.
Pièce calligraphique remarquable.</blockquote>

121. **Olivier,** Entomologie ou histoire naturelle des insectes, avec leurs caractères génériques et spécifiques, leur description, leur synonymie, et leur figure enluminée. Coléoptères I, II. Paris, 1789, 90. Av. atlas de 204 pl. color. Ens. 3 vol. gr. in-4to. cart. 25.—

122. **Oort, E. D. van,** Ornithologia Neerlandica. De vogels van Nederland. 's-Grav. 1918—28. 5 vol. Av. 405 belles pl. en couleurs d'après des dessins originaux p. M. A. Koekkoek. gr. in-4to. d. chagr. vert, tête dor. 682.50
<blockquote>Toutes les planches ont paru; le texte des pp. 89 à fin du t. IV et celui du t. V paraîtra sous peu. Seulement le prix de la reliure des deux tomes derniers doit être ajouté au prix indiqué ci-dessus.</blockquote>

123. **Owen, Ch.,** Essay towards a natural history of serpents. London, 1742. Av. 7 pl. 4to. d. veau. 12.—
<blockquote>Ajoutées 9 planches d'autres ouvrages et des illustr. découpées, collées dans les marges.</blockquote>

124. **Pelt Lechner, A. A. van,** „Oologia Neerlandica". De eieren der in Nederland broeden de vogels. 's-Grav. 1910. 13. 2 vol. Av. 191 pl. montées sur onglets. 4to. d. mar. du Levant, tête dor. 200.—
<blockquote>Ouvrage capital, décrivant les oeufs des oiseaux couvant dans les Pays-Bas. Les planches, conten. ens. 667 reprod., dont 607 en couleurs, et chaque accompagnée d'un feuillet de texte, sont d'une exécution des plus belles et des plus minutieuses.
Tirage restreint. Epuisé.</blockquote>

125. —— Oölogia Neerlandica. Eggs of birds breeding in the Netherlands. The Hague, 1910, 13. 2 vol. Av. 191 planches, montées sur onglets. 4to. d. mar. du Levant, tête dor. 150.—

126. **Penard, F. P.** en **A. P.,** De vogels van Guyana (Suriname, Cayenne en Demerara). Amst., 's-Grav. 1908, 10. 2 vol. Av. 700 ill. toile. (21.—) 10.—
<blockquote>Le premier ouvrage étendu qui traite l'ornithologie des Guyanes.</blockquote>

127. **Pesta, O.,** Die Decapodenfauna der Adria. Lpz. 1918. Av. carte et ill. 10.—

128. **Piepers, M. C.,** and **P. C. T. Snellen,** The rhopalocera of Java. 's-Grav. 1910—18. 4 vol. Av. 27 pl. en couleurs, conten. env. 600 ill. 4to. br. 156.—
<blockquote>I. Pieridae. Av. 4 pl. 21.60. — II. Hesperidae. Av. 6 pl. 30.— III. Danaidae, Satyridae, Ragadidae, Elymniadae. Av. 8 pl. 45.— IV. Erycinidae, Lycaenidae. Av. 9 pl. 60.—.</blockquote>

129. **Plinius,** Boecken ende schriften vande natuyr, aert, enz. aller creatueren ofte schepselen Godes. Als vande menschen viervoetighe dieren voghelen slangen byen, etc. U. h. Hoochd. Arnhem, J. Janszen, 1610. Av. de nombr. jolies grav. s. bois. 4to. vél. 45.—
<blockquote>Traduction hollandaise, remarquable à cause des nombr. grav. s. bois</blockquote>

représent. principal. des animaux. Le chap. sur les poissons commence par une intéressante grav. sur la pêche. Traduction de l'édition allemande qui n'est pas tirée de Pline seul, mais de différents autres auteurs e. a.: J. Staden, Beschrijv. der naeckte menscheneters.
Contient e. a.: Olyphanten in India. — Van sommighe wonderlyke dieren die in Morenland ende in India hunne wooninge hebben (apen, ossen, wilde stieren, etc.).
La grav. sur le titre coloriée.

130. **Plinius,** Même ouvrage. Hoorn, P. J. v. Campen, (v. 1625). Av. de nombr. jolies grav. s. bois. 4to. vél. *Bel ex.* 35.—

131. **Pritchard, A.,** History of infusoria, includ. the desmidiaceae and diatomaceae, British and foreign. 4th ed. London, 1861. Av. 40 pl. en partie color. d. veau. 25.—
Meilleure édition. Rare.

132. **Reichenow, A.,** Die Vögel Afrika's. Neudamm, 1900—05. 3 vol. Av. atlas de 3 cartes et 30 pl. en couleurs. Ens. 4 vol. d. chagr. 125.—

133. **Saunier, J. de,** La parfaite connoissance des chevaux, leur anatomie, leurs qualitez, maladies et les remèdes. Publ. p. G. de Saunier. La Haye, 1724. Av. portr. et 61 pl. fol. veau. 22.—

134. **Sauvages, (P. A.) Boissier,** Mémoires sur l'éducation des vers a soie. Av. un traité sur la culture des mûriers et un sur l'origine du miel. Nismes, 1763. Ens. 5 tom. 2 vol. veau. 10.—
A la fin: **Catalogue** des auteurs qui ont écrit sur les vers à soie et sur les mûriers.

135. **Schlegel, H.,** Essai sur la physionomie des serpens. La Haye, 1837. d. veau. Av. Atlas de 3 cartes, 21 pl. et d'un tabl. fol. cart. 12.—

136. —— De vogels van Nederland, beschreven en afgebeeld. Leiden, 1854—58. d. rel. Av. 362 pl. finement color. (2 pl. en noir). En boîte. 150.—
Ouvrage très recherché sur l'ornithologie des Pays-Bas. Epuisé et très rare.

137. —— Même ouvrage. 2e herz. dr. Amst. 1878. 2 tom. 1 vol. Av. 53 pl. en couleurs représ. les têtes seulement. toile. 20.—
Le texte de cette éd. est un peu refondu.

138. —— Les oiseaux des Indes Néerlandaises. (Texte néerlandais et français). Haarlem, 1863—66. 3 parties. 1 vol. Av. 50 pl. color. gr. in-4to. toile. *Epuisé.* 50.—
I. Les pitta. Av. 6 pl. — II. Les martins-pêcheurs. Av. 16 pl. — III. Les accipitres. Av. 28 pl.
Le seul ouvrage avec des planches color. sur ce sujet.

139. **Seebohm, H.,** Monograph of the turdidae or family of thrushes. Ed. and compl. by R. Bowdler Sharpe. London, 1902. 2 vol. Av. 149 belles pl. lithograph. color. à la main p. J. G. Keulemans. fol. dos et coins en mar. rouge, tête dor. (327.60). *Bel ex.* 190.—
Très bel ouvrage sur la famille des grives. Tiré à 250 exx.

140. **Seitz, A.,** Die Grossschmetterlinge der Erde. I: Palearktische Fauna. Stuttg. 1909—15. 4 vol. de texte et 4 vol. de 245 pl., conten. de nombr. ill. en couleurs. 4to. d. rel. (210.—) 145.—
Ouvrage célèbre auquel plusieurs professeurs de tous les pays du monde ont collaboré.

Prices are in guilders. One guilder = 40 Amer. cents. 1 $ = 2.50 guilders

141. **Sepp, J. C.,** Nederlandsche insecten. Amst. 1762—1860. 8 vol. Av. 200 pl. color. — **ID.,** Nouv. série. Publ. p. S. C. Snellen van Vollenhoven, A. Brants et P. C. T. Snellen. 's-Grav. 1864—1900. 4 vol. Av. 200 pl. finement color. à la main. — Ens. 12 vol. 4to. d. veau. 1150.—
    L'ouvrage le plus important sur les lépidoptères des Pays-Bas et le mieux exécuté de tous les ouvrages sur les lépidoptères. Les deux séries sont épuisées et très rares. Ex. complet comme il se trouve très rarement.
    Les 11 livr. de la 3e série, parues dans les années 1905—11, se vendent à flor. 3.50 la livr.

142. —— **Brants, A.,** Nederlandsche vlinders beschreven en afgebeeld. 's-Grav. 1905—28. Livr. 1—10. Av. 10 superbes pl. coloriées à la main. 4to. En livr. 35.—
    La plus belle publication rel. aux papillons, qui existe. Elle forme la 3e série de l'ouvrage de Sepp, Nederlandsche insecten.

143. **Siebold, P. F. von, C. J. Temminck** et **H. Schlegel,** Fauna Japonica. L. B. 1833—50. 4 tom. 5 vol. Av. pl. lithogr. coloriées et noires. gr. in-4to. 3 vol. en rel. différ., les autres en livr., n. r. 1250.—
    S u p e r b e o u v r a g e, é p u i s é e t r a r e.
    I*a*. Mammalia. Av. 30 pl. color. — I*b*. Reptilia. Av. carte et 27 pl. — II. Aves. Av. 120 pl. color. — III. Pisces. Av. 151 (sur 161 pl.) color. — IV. Crustacea. Av. 72 pl.
    Au t. III manquent, outre les 10 pl., les pp. 269 à 323.

144. **Snellen, P. C. T.,** De vlinders van Nederland. Macrolepidoptera. 's-Grav. 1867. Av. 4 pl. 11.50

145. **Stoll, C.,** Représentation des cigales et des punaises qui se trouvent dans les quatre parties du monde, l'Europe, l'Asie, l'Afrique et l'Amérique. Amst., J. Chr. Sepp, 1780. Av. 66 pl. color. 4to. cart., non rogné. 75.—

146. **Studer, J. H.,** Popular ornithology. The birds of North America. N. York, (v. 1883). Av. 119 pl. en chromolithogr. p. Th. Jasper, représent. plus de 700 oiseaux. fol. Plein mar. dor., tr. dor. 75.—

147. **Swammerdam, J.,** Historia insectorum generalis. Ex Belgica fecit H. Chr. Henninius. Lugd. Bat., J. Luchtmans, 1685. Av. 13 pl. 4to. veau ancien. 24.—

148. —— Même ouvrage. Lugd. Bat., J. van Abkoude, 1733. Av. 13 pl. 4to. d. bas., n. r. 10.—

149. —— Bybel der natuure of historie der insecten, tot zeekere zoorten gebracht, door voorbeelden, ontleedkund. onderzoekingen.... opgeheldert.... Met voorreeden, waar in het leven v. d. auteur d. H. Boerhaave. Met de Lat. overzetting d. H. D. Gaubius. Leyden, S. Severinus, B. en P. v. d. Aa, 1737, 38. 2 vol. Av. 53 pl. fol. veau, dos doré. 90.—
    Ouvrage classique sur les insectes, non seulement pour le texte (en néerland. et latin), et les planches, mais aussi pour le style dans lequel il a été écrit, Swammerdam étant un des premiers en Hollande, qui soigna son style en écrivant un ouvrage scientifique.

150. **Thorburn, A.,** A naturalist's sketch book. London, 1919. Av. 60 pl., dont 24 en couleurs. gr. in-4to. toile, tête dor. (75.—) 45.—
    La plupart des pl. représentent des oiseaux.

151. —— British mammals. London, 1920. 2 vol. Av. 50 pl. en couleurs et ill. dans le texte par l'auteur. 4to. toile, tête dor. 125.—

Mart. Nijhoff, The Hague — Cat. No. 559

152. **Tschaggeny, E.**, Ontleedkundige atlas van het rund. Voor Nederland bew. d. H. A. Vermeulen. M voorwoord van G. Krediet. 's-Grav. 1922. 98 planches en couleurs, av. explic. fol.-obl. En portef. (90.—) 40.—
   Cet atlas anatomique de la race bovine est le meilleur de ce qui a paru sur ce sujet. Les premières 48 planches traitent l'ostéologie, les autres l'arthrologie (18 pl.) et la myologie (32 pl.).

153. **Valdecebro, A. de,** Govierno general, moral, y politico, hallado en las fieras, y animales sylvestres, sacado, de sus naturales propiedades, y virtudes,con partic. tabla para sermones varios de tiempo y de Santos. Madrid, 1680. Av. grav. s. cuivre d'animaux 4to. vél. 35.—
   Ce livre traite des qualités caractéristiques des animaux en comparaison avec celles des hommes.
   Quelques piqûres.

154. **Vollenhoven, S. C. Snellen van,** Essai d'une faune entomolog. de l'Archipel Indo-Néerland. La Haye, 1863—68. T. I, II, III, 1. 3 vol. Av. 15 pl., dont 14 en couleurs. gr. in-4to. br. 45.—
   I. Famille des scutellérides. Av. 4 pl. 6.— — II. Famille des piérides. Av. 7 pl. 8.50. — III, 1. Famille des pentatomides. Av. 4 pl. 6.—.
   Tout ce qui a paru. Epuisé.

155. —— Hemiptera heteroptera Neerlandica. De inlandsche ware hemipteren (land- en waterwantsen). 's-Grav. 1878. Av. 22 pl. 10.—

156. **Vrolik, W.,** Tabulae ad illustr. embryogenesin hominis et mammalium tam naturalem quam abnormem. (Texte latin-néerland.). Amst. 1849. Av. 100 pl. gr. in-4to. d. veau. 30.—

157. **Wulp, F. M. van der,** Diptera Neerlandica. De tweevleugelige insecten van Nederland. 's-Grav. 1877. T. I (seul paru). Av. 14 pl. en partie color. 6.—

III. BOTANY

158. **Aengelen, P. van,** Herbarius kruyt en bloem-hof. Of de natuerlijcke secreten en verborgentheden van besondere uytgelesene kruyden, boomen, bloemen, vruchten, wortelen, zaden, gommen, sappen ende mineralien der aerden. Oock van desselfs aert, natuer, kracht.... en nuttigheyt. Een boeck.... voor de hovenieren, noodig in de huyshoudinge, etc. Amst. 1663. 3 tom. 1 vol. pet. in-8vo. vél. 20.—
   La 3e partie sous le titre: De medelydige samaritaen of de heydensche wondermeester.

159. **Album van Eeden.** Flora of Haarlem, coloured plates of Dutch bulbs and bulbous plants. Haarlem, 1872—79. Av. 96 pl. gr. in-4to. toile orig. 30.—
   Sans le supplément, paru en 1881. Les pl. contiennent de belles reproductions en couleurs d'hyacinthes, d'anémones, de narcisses, de tulipes, etc. avec texte descriptif.

160. **Aranzadi, T. de,** Enskalerriko Perrechiknak. Setas ú hongos del pais Vasco. Guia para la distinción de los comestibles y venenosos, los parásitos de plantas cultivadas, etc. Madrid, 1897. 8vo. Av. atlas de 41 pl. en couleurs. 8vo-obl. Ens. 2 vol. 12.—

Prices are in guilders. One guilder = 40 Amer. cents. 1 $ = 2.50 guilders

161. **(d'Ardène, P. R.)**, Traité des renoncules et remarques pour l'agriculture (et) le jardinage. Paris, 1746. Av. front. et 6 pl. veau, dos doré. 10.—

162. (——) Traité des tulipes. Avignon, 1760. Av. 15 figg. sur 2 pl. vél. 15.—

163. (——) Traité des oeillets. Avignon, 1762. Av. 3 pl. se dépliant. veau, dos orné. 7.50

164. **Arizaga, J. de,** Itinerarios botánicos. Publ. y anot. p. A. F. Gredilla y Gauna. Vitoria, 1915. 18. 2 vol. 12.—
  Le 2d vol. contient la biographie de Janvier de Arizaga, botaniste renommé de la fin du XVIIIe et du commencement du XIXe siècle et une relation détaillée de tous les mss. botaniques.

165. **Aublet, Fusée,** Histoire des plantes de la Guiane Française rangées suivant la méthode sexuelle, avec plusieurs mémoires sur différens objets intéressans, rel. à la culture et le commerce de la Guiane françoise, et une notice des plantes de l'Isle de France. Londres, 1775. 4 vol. Av. front. et 392 pl. 4to. veau écaillé, dos dor. 150.—

166. **Axtius,** Tractatus de arboribus coniferis et pice conficienda, aliisque ex illis arboribus provenientibus. Jenae, 1679. Av. titre gravé et 5 pl., représent. e.a. le rassemblement de la résine, la fabrication de la poix.
  Le célèbre médecin et botaniste allemand Axtius a traité dans ce volume des pins et sapins, des propriétés de la résine (térébenthine). Il y a ajouté une lettre: *Epistola de antimonio* où il accuse Guy-Patin, d'avoir empoisonné son fils avec de l'antimoine. La faculté d'Iéna trouva l'accusation calomnieuse et l'auteur dut supprimer ce passage dans les éditions suivantes.
  — **J. A. Comenius,** Disquisitiones de caloris et frigoris natura. Ed. 2a. Jenae, 1673.
  En 1 vol. 12mo. veau, dos doré. 40.—
  Av. ex-libris, gravé s. bois, de A. A. Normandeau.

167. **Backer, C. A.,** Handboek voor de flora van Java. Batavia, 1924—28. Livr. 1—3. 5.75
  Tout ce qui a paru jusqu'à présent.

168. —— The problem of Krakatoa as seen by a botanist. The Hague, 1929. Av. 3 pl. in-toile. 9.—
  „The present book in the first place intends to examine whether .... the hypothesis of the total destruction of the original flora is a well-proven fact; in the second place to sum up the positive data .... about the way in which the vegetation of Krakatoa has been restored .... and finally to make out which reliable answers have been given to the questions out forward above."

169. —— en **D. F. van Slooten,** Geillustr. handboek der Javaansche theeonkruiden en hunne beteekenis voor de cultuur. Batavia, 1924. Av. 210 ill. sur 120 pl. toile. 12.—

170. **Bateman, J.,** The orchidaceae of Mexico and Guatemala. London, 1843. Av. 40 belles pl. color. et de nombr. grav. s. bois dans le texte. très gr. in-fol. d. veau. *Ex. très frais.* 225.—

171. **Barbosa Rodrigues, J.,** Sertum palmarum Brasiliensium ou relation des palmiers nouveaux du Brésil découverts, décrits et dessinés d'après nature. Brux. 1903. 2 vol. Av. portrait et 174 pl. color. gr. in-fol. toile ornée. 300.—
  Tiré à petit nombre et pas dans le commerce.

172. **Battandier, J. A.**, et **L. Trabut,** Flore de l'Algérie conten. la description de toutes les plantes signalées jusqu'à ce jour comme spontanées en Algérie et catalogue des plantes du Maroc. Alger, 1888, 95. 2 tom. 1 vol. Av. 7 pl. d. veau. 18.—
   I. Dicotylédones. — Monocotylédones.

173. **Bauhinus, J.**, Historia plantarum universalis. Ebroduni, 1650—51. 3 vol. Av. env. 360 grav. sur bois. fol. vél., aux armes. 90.—
   La marge blanche inférieure des 4 premiers ff. légèrement endommagée, du reste bel exemplaire.

174. **Berghuis, S.**, De Nederlandsche boomgaard. Gron. 1868. 2 vol. Av. 124 pl. en couleurs, reprod. plus. centaines de fruits. 4to. d. veau. 45.—
   Recherché.

175. **Bergmans, J.**, Vaste planten en rotsheesters. Haarlem, 1924. With 147 ill. cloth. 32.—
   Perennial plants and shrubs for rockgardens.

176. **Bernard, Ch.**, Protococcacées et desmidiées d'eau douce, récoltées à Java. Batavia, 1908. Av. 16 pl. 6.25

177. —— Sur quelques algues unicellulaires d'eau douce récoltées dans le domaine malais. Buitenzorg, 1909. Av. 6 pl. 2.60

178. **Bertin, A.**, Mission d'études forestières envoyée dans les colonies françaises par les ministères de la guerre, etc. Paris, 1918—20. T. I—V. 4 vol. Av. cartes et pl. 28.50
   I. Les bois de la Côte d'Ivoire. — II. Les bois du Gabon. — III. La question forestière coloniale. — IV. Le bois du Cameron. — V. Les bois de la Guyane française et du Brésil.

179. **Bertolonius, A.**, Florula Guatimalensis sistens plantas nonnullas in Guatimala sponte nascentes. Bononiae, 1840. Av. 12 pl. color. 4to. br., non rogné. 36.—

180. **Beyerinck, M. W.**, Verzamelde geschriften. Ter gelegenheid van zijn 70en verjaardag uitgeg. door zijne vrienden, enz. Delft, 1921. 5 vol. Av. portrait et plus. figg. en couleurs et en noir. toile. 40.—
   L'auteur, prof. de biologie renommé, est un des meilleurs bactériologues néerlandais.

181. **Billington, W.**, Facts, hints, observat., and experiments on the different modes of raising young plantations of oaks. London, 1825. Av. ill. cart., n. r. 15.—
   Ajouté: **Chronicles** of an old English oak; or sketches of Engl. life and history. 1860. — **H. M. Ward,** The oak. 1892. — **Ch. Mosley,** The oak, its natural history, antiquity and folklore. 1910. — **Ch. Hurst,** The book of the English oak. 1911. — **C. L. Blume,** Javaansche eiken. 1823. — **A. S. Orsted,** Classification des chênes. — etc. Ens. 7 ouvrages. rel. et 5 tirés à part.

182. **Bisschop Grevelink, A. H.**, Planten van Nederl.-Indië, bruikbaar voor handel, nijverheid en geneeskunde. Amst. 1883. rel. 20.—
   Epuisé.

183. **Blackwell, E.**, Herbarium Blackwellianum. Collectio stirpium quae in pharmacopoliis ad medicum usum asservantur. C. praef. Chr. J. Trew. (Texte latin et allem.) Norimb. 1757—63. 6 vol. Av. 6 front. et 600 pl. color. fol. d. veau. 90.—

Prices are in guilders. One guilder = 40 Amer. cents. 1 $ = 2.50 guilders

184. **Blanco, M.,** Flora de Filipinas segun el sistema sexual de Linneo. 2a impr., correg. y aument. Manila, 1845. 4to. d. veau. 18.—

185. —— Flora de Filipinas. Adicion. con el ms. inédito del Ign. Mercado, las obras de Ant. Llanos y apénd. con todas las nuevas, investigaciones botanicas refer. al Archipiélago Filipino. Manila, 1877—80. 4 col. de texte. Av. 478 pl. color. fol. d. veau. 450.—
    Ex. ayant les planches coloriées. Imprimé à un nombre restreint d'exx., et épuisé.

186. **Blankaart, S.,** Den Nederlandschen herbarius ofte kruidboek der voornaamste kruiden, tot de medicyne, spysbereidingen en konstwerken dienstig. Amst., J. ten Hoorn, 1698. Av. front. (endomm.) et pl. vél. 15.—
    Reliure peu fraîche. Quelques taches.

187. **Bloemist, De naukeurige,** of de nieuwe Nederlandsche bloemhof, beplant met bloemen, ooft en orangeryen. M. verhandeling der meloenen. 6e dr. Leyden, J. A. Langerak, 1728. Av. front. et 5 pl. pet. in-8vo. br., non rogné. 7.50

188. **Blume, C. L.,** Rumphia s. commentat. botanicae imprimis de plantis Indiae Orientalis, tum penitus incognitus tum quae in libris Rheedii, Rumphii, Roxburghii, Wallichii, aliorum recens. Lugd. Bat. 1835—48. 4 vol. Av. 210 belles pl. color. et noires. gr. in-fol. En portef. de carton (1 vol. br.) *Bel ex.* 250.—
    Epuisé.

189. —— et **J. B. Fischer,** Flora Javae nec non insularum adjacentium. Brux. 1828—36. 3 vol. Av. 240 planches, dont 226 color. fol. En livr. 150.—
    Ajoutées les 23 planches „inédites".

190. **Blume, C. L.,** Collection des orchidées les plus remarquables de l'Archipel Indien et du Japon. Amst. 1858. T. I (seul paru). Av. front. et 70 pl., dont 56 color. fol. En feuilles. 150.—
    Epuisé et rare.

191. **Bock, H.,** Kräutterbuch. Uebers. von M. Sebizium. Sampt angehenckten Speisskammer. Strassburg, (1630). Av. de nombr. grav. s. bois. fol. vél. 45.—
    Légèrement bruni.

192. **Boldingh, J.,** The flora of the Dutch West Indian islands. Leiden, 1909, 14. 2 vol. Av. cartes et pl. 12.50
    St. Eustatius, Saba and St. Martin. Curaçao, Aruba and Bonaire.

193. **Bommer, Ch., et J. Massart,** Les aspects de la végétation en Belgique. Brux. 1908, 12. T. I, II. 2 vol. Av. 166 planches. gr. in-fol. En portef. 40.—
    I. Les districts littoraux et alluviaux. — II. Les districts flandriens et campiniens.
    Cet ouvrage contient des données intéressantes pour les diverses branches de l'agriculture, ainsi que pour la sylviculture. Epuisé.

194. **Bonnier, G.,** Flore complète illustrée en couleurs de France, Suisse et Belgique (comprenant la plupart des plantes d'Europe) Paris, 1911—29. T. I—X. 10 vol. Av. 600 pl. en couleurs. gr. in-4to. dont I, II d. mar. vert, le reste en livr. 125.—
    Sera complet en 12 vol. La suite peut être fournie.

195. **Brisseau-Mirbel,** Physiologie végétale et botanique. Paris, 1815. 2 vol. de texte et 1 vol. de pl. d. rel. 7.50

196. **Bryologia Javanica** seu descriptio muscorum frondosorum Archipelag. Indici iconibus ill. auct. F. Dozy et J. H. Molkenboer. Leiden, 1855. 70. 2 vol. Av. 320 pl. gr. in-4to. br. 60.—

197. **Burman, J.**, Thesaurus Zeylanicus, exhibens plantas in insula Zeylana nascentes. Amst. 1737. Av. beau portr. p. Houbraken et 110 pl. 4to. veau ancien, dos doré. 60.—
   A la fin: **Catalogi duo** plantarum Africanarum compl. plantas ab Hermanno, Oldenlando et Hartogio observ. (av. indication spéciale des plantes du Cap de Bonne Espérance).

198. —— Rariorum Africanarum plantarum, ad vivum delineat., iconibus ac description. illustr. decas X. Amst., H. Bousseriere, 1738, 39. Av. vue du Cap. de bonne Espérance sur le titre, et 100 pl. de fleurs et de plantes, finement grav. s. cuivre. 4to. veau, dos dor. 40.—

199. **Burman, N. L.**, Flora Indica: cui accedit series zoophytorum Indicorum, nec non prodromus florae Capensis. Lugd. Bat., C. Haek, Amst., J. Schreuder, 1768. Av. 67 pl. 4to. d. veau. (Dos endomm.) 40.—

200. **Carpenter, W. B., W. K. Parker** and **T. R. Jones**, Introd. to the study of the foraminifera. London, 1862. Av. 22 pl. et figg. dans le texte. fol. cart. 25.—

201. **Chabraeus, D.**, Stirpium icones et sciagraphia. Genevae, 1666. Av. front. et de nombr. figg. dans le texte. fol. cart. 20.—

202. **Chaumeton, F. P., Chamberet** et **Poiret**, Flore medicale. Paris, 1814—18. 6 vol. Av. partie élément. p. J. L. M. Poiret et iconographie végétale p. P. J. F. Turpin. 2 vol. Ens. 7 tom. 8 vol. Av. 442 belles pl. en couleurs et 1 en noir d. veau vert., n.r. 45.—
   Petit timbre sur les titres.

203. **Clercq, F. S. A. de**, Nieuw plantkundig woordenboek voor Nederl. Indië. M. aanwijzing v. h. nuttig gebruik der planten en hare beteekenis in het volksleven, en met registers der inlandsche wetenschapp. benamingen. Uitgeg. d. M. Greshoff. 2e verm. dr. d. A. Pulle. Amst. 1927. toile. 27.50
   Dictionnaire botanique des Indes Néerlandaises.

204. **Clusius, C.**, Rariorum plantarum historia. — **Id.**, Exoticorum ll. X, quibus animalium, plantarum etc. historiae describuntur. Item P. Bellonii observat. Clusio interpr. — Antv., Offic. Plantiniana, 1601, 05. 2 vol. Av. titres gravés, entourés de beaux encadrements, très beau portrait de Clusius p. I. de Gheijn et de nombr. grav. s. bois. fol. vél. cordé. 225.—
   Bel ex., provenant de la „Bibliotheca Colbertina". Le 2d ouvrage contient e. a. des traductions des ouvrages de Garcia ab Horto, Acosta, Monardes et Bello.

205. —— **Hunger, F. W. T.**, Charles de l'Escluse (Carolus Clusius), Nederlandsch kruidkundige, 1526—1609. 's-Grav. 1927. Av. carte, 4 portr., 2 pl. et 199 ill., facs. de titres, etc. dans le texte. gr. in-8vo. toile. 20.50
   L'ouvrage de M. Hunger (XXIV et 446 pp.) donne pour la première fois une biographie étendue de cet homme remarquable. Elle traite de sa famille, de sa jeunesse, de son séjour aux universités de Marbourg et de Montpellier, aux Pays-Bas méridionaux, à Paris, à Vienne, Francefort, Leide, de ses voyages en Angleterre, Espagne et Portugal, etc. et donne d'amples renseignements, de valeur tant botanique que bibliographique, sur ses ouvrages.

Prices are in guilders. One guilder = 40 Amer. cents. 1 $ = 2.50 guilders

206. **Colmeiro, M.,** La botánica y los botánicos de la península Hispano-Lusitana. Estudios bibliográf. y biográf. Madrid, 1858. d. veau. 5.—
207. **Conard, H. S.,** The waterlilies. Monograph. of the genus nymphaea. Wash. 1905. Av. 30 pl. en couleurs et en noir. et 83 figg. 4to. br. (Carnegie Inst., Publ. no. 4). 20.—
208. **Congrès international d'agriculture.** La Haye, 7—13 sept. 1891. Compte-rendu. La Haye, 1892. 2 tom. 1 vol. Av. grande carte color. 10.—
209. **Congrès internat. de botanique** et d'horticulture. Amsterdam, avril 1865. Bulletin. Rott. 1866. 6.—
210. **Correa, P.,** Diccionario das plantas uteis do Brasil e das exoticas cultivadas. Rio de Jan. 1926. T. I. (A-Cap.) Av. 106 pl. et 657 ill. dans le texte. gr. in-4to. toile. 747 pp. 22.50
   Tout ce qui a paru jusqu'aujourdhui.
211. **Cory, R.,** The horticultural record. Flowers, plants, shrubs, groups and rock gardens, exhibited at the Royal internat. horticult. exhibition, 1912. W. contrib. on the progress of horticulture since 1866 (by H. R. Darlington, C. H. Curtis, a. o.). London, 1914. Av. portr., plan, 116 pl. et ill. en couleurs et 71 en noir. gr. in-4to. toile. (25.20) 15.—
   Rock garden and garden design, by R. Farrow. — The rose, by H. R. Darlington. — Tropical garden plants, by W. Watson. — Horticultural education (Belgium, Switzerland, Sweden, etc.). — etc.
212. **Cyclopedia** of American agriculture. Ed. by L. H. Bailey. 5th ed. N.-York, 1917. 4 vol. Av. 100 pl. et plus de 2000 ill. gr. in-8vo. toile. (75.—) 30.—
213. **Delden Laerne, K. F. van,** Brazilië en Java. Verslag over de koffiecultuur in America, Azië en Afrika. 's-Grav. 1885. Av. cartes et diagr. gr. in-8vo. d. veau. *Epuisé.* 10.—
   Compte-rendu de la culture du café en Aden, Arabie, Ceylon, Indes Anglaises, Singapore, etc.
214. —— Le Brésil et Java. Rapport sur la culture du café en Amérique, Asie et Afrique. La Haye, 1885. Av. cartes, pl. et tabl. gr. in-8vo. toile. *Epuisé.* 10.—
215. **Docters van Leeuwen-Reijnvaan, J.,** and **W. M. Docters van Leeuwen,** The zoocecidia of the Netherlands East Indies. Batavia, 1926. Av. 7 pl., dont 4 en couleurs et 1088 figg. gr. in-8vo. cart. 21.—
   The first extensive work on the galls of the East Indian Archipelago.
216. **Dodoens, R.,** Cruijde boeck. Inden welcken die gheheele historie, dat es tgheslacht, tfatsoen, naem..... ende werckinghe, van den cruyden, niet alleen hier te lande wassende, maer oock van den anderen vremden in der medecijnen oorboorlijck.... verclaert es. (*A la fin*:) Tantwerpen, J. vander Loe, 1554. Av. 175 grav. s. bois. fol. d. veau. 350.—
   Première édition, extrêmement rare, surtout un ex., ayant les belles gravures en noir, du célèbre ouvrage de Dodonaeus. Le titre réemmargé; du reste ex. frais, sauf une légère tache d'eau dans les marges de qq. ff.
217. —— Même ouvrage. Van nieuws oversien. Thantwerpen, J. vander Loe, 1563. Av. de nombr. grav. s. bois, dont qq.-unes à la

fin sont color. à la main. fol. ais en bois, recouv. de veau estamp., av. fermoirs (modernes). 250.—
Deuxième édition néerlandaise, de très grande rareté.

218. **Dodoens, R.**, Frumentorum, leguminum, palustrium et aquatilium herbarum, ac eorum, quae eo pertinent, historia. Antv., Chr. Plantin, 1566. Av. plus. belles grav. s. bois. pet. in-8vo. veau, dos doré. 60.—
Edition originale.
Cet ouvrage, qui contient la description des céréales, des légumes, des plantes des marécages et des plantes aquatiques, est le premier de ceux qui forment la 2e série des ouvrages botaniques publiés par Dodoens.
Les figures de cet ouvrage sont citées comme les meilleures qui aient été faites jusqu'à cette époque après celles de Conrad Gessner.
Voir Bibl. Belg. in voce.

219. —— Florum, et coronariarum odoratarumque nonnullarum herbarum historia. Antv., Chr. Plantin, 1568. Av. de nombr. belles. grav. s. bois. 8vo. vél. souple. 60.—
Edition originale. L'ouvrage avait un tel succès qu'une 2e édition parut déjà l'année suivante.

220. —— Même ouvrage. Antv., Chr. Plantin, 1569. Av. de nombr. belles grav. s. bois. 8vo. vél. 50.—
Nom sur le titre.

221. —— Frumentorum, leguminum, etc. Antv., Chr. Plantin, 1566. — **Id.**, Florum et coronariarum odoratarumque nonnullarum herbarum historia. Antv., Chr. Plantin, 1568. — En 1 vol. Av. de nombr. grav. s. bois. pet. in-8vo. vél. 100.—

222. —— Purgantium aliarumque eo facientium, tum et radicum, convolvulorum ac deletariarum herbarum historiae, ll. IV. Antv., Chr. Plantin, 1574. Av. de nombr. grav. s. bois, dont qq.-unes color. à la main. pet. in-8vo. veau. 50.—
Bibl. Belg. II 155.

223. — **Andries, R.**, Rembertus Dodoens, 1517—85. Zijn leven en werken. Antw. 1917. Av. facs. 1.80

224. **Dufour, P. S.**, Traitez nouveau et curieux du café, du thé, et du chocolate. 2e éd. Lyon, 1688. 15.—

225. (——) Drey neue curieuse Tractätgen von dem Tranck Cafe, Sinesischen The und der Chocolata, welche nach ihrem Eigenschafften, Gewächs, Fortpflanzung, Praeparirung, Tugenden und herrlichen Nutzen beschrieben. A. d. Frantz. Budissin, 1701. Av. front. et 3 pl. pet. in-8vo. cart. 30.—

226. **Duhamel du Monceau, H. L.**, Traité des arbres fruitiers. Nouv. éd. p. A. Poiteau et P. J. F. Turpin. Paris, 1835. 6 tom. 5 vol. Av. 423 pl., dont 421 color. fol. d. veau. *Très bel. ex., très frais.*
1100.—
L'édition superbe de Poiteau et Turpin d'un des plus beaux et des plus rares ouvrages sur les arbres fruitiers. Les planches sont imprimées en couleurs et achevées à la main.

227. —— De la conservation des grains et partic. du froment. Nouv. éd. Paris, 1754. Av. pl. pet. in-8vo. d. veau. 7.50

228. —— Traité des arbres et arbustes qui se cultivent en France en pleine terre. Paris, 1755. 2 vol. Av. 254 pl. grav. s. bois, et figg. dans le texte. 4to. veau, dos dor. 50.—

Prices are in guilders. One guilder = 40 Amer. cents. 1 $ = 2.50 guilders

229. **Duhamel du Monceau, H. L.**, Des semis et plantations des arbres et de leur culture.... faisant partie du Traité complet des bois et des forêts. Paris, 1760. Av. 17 pl. pliées. 4to. veau. 10.—

230. —— De l'exploitation des bois.... faisant partie du Traité complet des bois et des forests. Paris, 1764. 2 vol. Av. 36 pliées. 4to. veau. 20.—
   <small>Les pl. représentent e. a. de différ. objets de bois et des machines pour les construire.</small>

231. **Du Mont de Courset, G. L. M.**, Le botaniste cultivateur. Paris, 1811—14. 7 vol. Av. plan. d. veau. 12.—

232. **Fleurs et fruits.** — Collection de beaux dessins coloriés, représentant des fleurs et des fruits, faits par un amateur allemand vers le commencement du 18e siècle. 79 feuilles. 4to-obl. Dans une ancienne reliure en vél. 120.—
   <small>Plusieurs dessins représentent des plantes exotiques et portent des inscriptions allemandes et latines.
   On y trouve e. a.: Maravigliosa di Peru, Aloe, Piper nigrum, Laurus camphora, Switenia, Mahazogoni, Caesalpina brasiliensis, Ananas (2 feuillets), Tamarindus, Lichen Islandicus, Magnolia, Dianthus Chinensis, Canna Indica, Fungi (5 feuillets avec 26 dessins), Cinchona, Rosa punicea, Pistacia terebinthus, Cambogia Gutta, Gardenia, Iris Persica, etc.</small>

233. **Flora Batava.** Afbeelding en beschrijving der Nederlandsche gewassen. Aangevangen door J. Kops, voortgezet door F. W. van Eeden, thans onder redactie van L. Vuyck. (Texte néerlandais et français). Leiden, Haarlem, 's-Grav. 1800—1929. T. I—XXVI, XXVII, 1—20 (= livr. 1—441) et table des t. I—XXV. 28 vol. Av. 2160 superbes planches color. gr. in-8vo. et 4to. dont t. I—XXV d. veau unif. *Bel ex.* 1800.—
   <small>Description de toutes les plantes qui croissent dans les Pays-Bas. Rarement complet.
   Les t. I—XXI sont de l'édition gr. in-8vo. quant au texte.</small>

234. **Francus, J.**, Veronica thee'zans i. e. collatio veronicae Europaeae cum theé chinitico. Acc. mantissae loco conjectura de Alysso Dioscoridis. Lps. (v. 1700). Av. front. et 3 pl. 12mo. d. vél. 12.—

235. **Fuchs, L.**, De historia stirpium commentarii. Basil., Isingrin, 1542. With 512 uncoloured woodcuts. fol. contemporary stamped pigskin, with clasps. 1250.—
   <small>E d i t i o p r i n c e p s. The 512 very remarkable woodcuts (all of the size of the page) are drawn by H. Füllmaurer and A. Meyer, engraved by V. R. Speckle. On the v°. of the titlepage the portrait of the author and the 3 remarkable portraits of the artists on the leaf before last. The last leaf (often missing) contains the printers mark. Small worm holes at the undermargin, but nevertheless a remarkably clean, very tall and fine copy having the woodcuts u n c o l o u r e d.
   Uncoloured copies, which have become very scarce, show the delicacy of the woodcuts, which belong to the best ever made.</small>

236. —— Même ouvrage. Paris., J. Bogardus, 1546. pet. in-8vo. peau de truie estamp. 25.—
   <small>Légère restauration au titre.</small>

237. —— Même ouvrage. Lugd., J. Tornaesius et G. Gazeius, 1555. pet. in-8vo peau de truie estamp. *Rel. ancienne.* 40.—
   <small>Bel ex. qui porte sur la première feuille de garde la signature: Philippus Hassiae landgraviy, a° 1592.</small>

238. **Gancedo, A.,** Flora arbórea del territorio nacional del Chaco y proyecto de ley. B. Aires, 1916. Av. carte et de nombr. ill. 7.50
239. **Gerth van Wijk, H. L.,** A dictionary of plant-names. Haarlem, 1911, 17. 2 forts vol. 4to. toile. (3140 pp.) 50.—
> Ce dictionnaire donne une énumération des noms des plantes en latin, néerland., français, anglais et allemand, ainsi dirigée, qu'on peut trouver le nom dans un des 4 langues modernes, si on sait le nom latin, et le nom latin, si on sait le nom dans une des autres langues.
240. **Gesner, C.,** De raris et admirandis herbis, quae sive quod noctu luceant, sive alias ob causas, lunariae nominantur, commentariolus: 3 et obiter de aliis etiam rebus quae in tenebris lucet Tiguri, A. et J. Gesner, 1555. Av. 5 grav. s. bois. 4to. cart. 145.—
> Pp. 43—75: Descriptio montis Fracti sive montis Pilati. — Pp. 77—82: Joannis Rhellicani Stockhornias, qua Stockhornus mons altissimus in Bernensium Helvetiorm (sic) agro versibus describitur.
> Premier ouvrage donnant une description exacte de quelques montagnes suisses. Très rare.
241. **Givdicio** sopra i ragionamenti di C. Martinelli, sopra il nuovo amomo, et calamo aromatico di Malacca d'India. Mantova, 1605. Av. 2 pl. 4to. cart. 12.50
242. **Glück, H.,** Blatt- und blütenmorpholog. Studien. Jena, 1919. Av. 7 pl. et 284 ill. (15.—) 7.50
243. **Goebel, K.,** Organographie der Pflanzen, insbesond. der Archegoniaten und Samenpflanzen. Jena, 1913, 15. 2 vol. Av. ill. 15.—
244. **Gorter, D. de,** Flora VII prov. Belgii confoed. indigena. Acc. bina plantarum indigenarum spicilegia (auct. S. J. v. Geuns et J. L. G. de Geer). Ultraj. 1814. 3 tom. 1 vol. Av. portrait. veau marbré, dos doré. 5.—
245. **Greshoff, M.,** Nuttige Indische planten. M. inleid. van J. G. Boerlage. Amst. 1894. Av. 60 pl. gr. in-4to. En livr. 20.—
246. **Guimpel, F., u. D. F. L. v. Schlechtendal,** Abbildung und Beschreibung aller in der Pharmacopoea borussica aufgeführten Gewaechse. Berlin, 1830—37. 3 tom. 1 vol. Av. 308 pl. color. 4to. d. veau. 90.—
247. **Haller, (A. von),** Historia stirpium indigenarum Helvetiae inchoata. Bernae, 1768. 3 tom. 1 vol. Av. 48 pl. fol. veau. 22.—
248. **Hagedoorn, A. L.** and **A. C.,** The relative value of the processes causing evolution. The Hague, 1921. Av. 20 figg. toile. 9.—
> Introduction. — Heredity. — Variation. — Crossing. — Reduction of variability. — Mutation. — Selection. — Species of varieties. — The law of Johannsen. — Evolution in nature and under domestication. — The status of man. — Bibliography.
> Les auteurs traitent dans cet ouvrage les problèmes et les théories d'évolution les plus importantes depuis Lamarck.
249. **Hall, Ch. A.,** Plant-life. London, 1915. Av. 50 pl. en couleurs, 24 en noir et ill. toile. (14.—) 7.50
250. **Herbolario Volgare** nelquale le virtu delle herbe e molti altri simplici se dechiarano. Con alcune belle aggiōte. Novam. de latino in volgare trad. (*A la fin*): Venetia, A. de Bindoni, 1522. Av. de nombr. grav. s. bois. 4to. cart. 175.—
> Edition très rare d'un ancien herbier.

Prices are in guilders. One guilder = 40 Amer. cents. 1 $ = 2.50 guilders

251. **Heukels, H.,** De flora van Nederland. Leiden, 1909—11. 3 vol. Av. 1987 figg. toile. (33.—) 18.—

252. **Henry, A.,** Forests woods and trees in relation to hygiene. London, 1919. Av. pl. toile. (10.80) 6.—
<small>Contient e. a.: Influence of forests on climate. — Trees in towns. — Trees for watercatchment areas. — etc.</small>

253. **Heyne, K.,** De nuttige planten van Nederl. Indië. 2e herz. en verm. dr. Batavia, 1927. In 3 vols. cloth. 15.—
<small>Sagacious and extensive work on the useful plants of the Dutch East Indies.</small>

254. **Holberg, E.,** Norra Americanska Fårge-Örter. Åbo, 1763. 12 pp. 4to. d. veau. (Rel. mod.) 40.—
<small>Petit traité sur les plantes tinctoriales, croissant dans l'Amérique du Nord, dont e. a. les Indiens se servent. Très rare.</small>

255. **Hortus sanitatis.** (In German. By Johann Wonnecken von Cube). *Colophon*: „Hye hat ein end der herbarius, in der keyserlichen statt Augspurg Gedruckt und vollendet an montag nechts vor Bartholomei nach Cristi gepurt M.CCCC.lxxxv". Augsburg, (J. Schönsperger), 1485. With full-page woodcut on v° of the first leaf, a smaller one on leaf 241 recto and hundreds of woodcuts of plants and animals in the text neatly coloured. sm. fol. oak boards covered with stamped leather (rebacked in the 18th century), clasps gone. 4200.—
<small>Hain, nr. 8949. Proctor, nr. 1763. B. M. Cat. II, p. 365. This is the second edition of the German Hortus, one of the most beautiful ones and the first issued by Schönsperger, a very rapidly made reprint of the Mainz Hortus of Schöffer, which was printed in March of the same year. The cuts are copies of those in Schöffer's edition.
U n u s u a l l y   f i n e   c o p y   w i t h   e x c e p t i o n a l l y   w i d e   m a r g i n s. Even the full-page woodcut is quite intact and absolutely unshaved. E x c e s s i v e l y   r a r e   i n   s u c h   c o n d i t i o n. The woodcuts neatly coloured by a contemporary hand. 4 leaves with slightly shorter margins are very skilfully matched to the size of the other leaves. A few waterstains.
Only one imperfect copy in U. S. A. According to Schreiber and Sudhoff only 6 or 7 copies in Europe.</small>

256. **Hortus Thenensis.** Index des espèces botan. cultivées dans les collections de L. van den Bossche à Tirlemont .2e éd. Brux. 1900, 02. 2 vol. 10.—

257. **Hunger, F. W. T.,** De oliepalm (elaeis guineensis). Histor. onderzoek over den oliepalm in Nederlandsch-Indië. 2e verm. dr. Leiden, 1924. Av. front. et 5 portr. (10.—) 7.50

258. **Hussey, Mrs. T. J.,** Illustrations of British mycology. London, 1847. Série I. Av. 90 planches color. gr. in-4to. d. veau. 20.—
<small>La description de la pl. 29 manque, tandis que celle de la pl. 31 s'y trouve en double. 1 f. de l'introduction monté.</small>

259. **(Jacobs, H.),** Den cleynen Herbarius ofte cruyt-boecxken, inhoudende de cracht, ende operatie van alle de gemeene kruyden.... waer door men .... sijne gesontheyt can onderhouden ende veelderhande sieckten ghenesen. Amst., F. Pels, 1640. — **Id.,** Van den schat der armen oft een medecijn-boecxken, dienstelijck voor alle menschen. Antw., H. Verdussen, 1641. En 1 vol. pet. in-8vo. vél. 35.—

260. **JACQUIN, N. J.**, Florae Austriacae, s. plantarum selectarum in Austriae archiducatu sponte crescentium, icones, ad vivum coloratae, et descriptionibus, ac synonimis illustratae. Viennae Austriae, 1773—78. 5 vol. Av. jolie grav. topograph. sur chaque titre, plan et 500 pl., tous coloriés à la main, et 1 pl. en noir.
— **Id.**, Hortus botanicus Vindobonensis, seu plantarum rariorum, quae in horto botanico Vindobonensi, augustissimae Mariae Theresiae munificentia regia in Universitatis patriae .... exstructo, coluntur, icones coloratae et succinctae descriptiones. Vindobonae, 1770—76. 3 vol. Av. 300 pl. coloriées à la main.
— Ens. 8 vol. fol. d. mar. rouge à long grain, plats en veau écaillé à fil., dos ornées, tr. dor. 2850.—
   Ouvrages de grande rareté. Très beaux exx. dans une ancienne reliure uniforme, provenant de la bibliothèque de la Maison Saxe-Teschen, avec les initiales sur les dos.

261. **Kaempfer, E.**, Amoenitates exoticae politico-physico-medicae. Lemgo, 1712. Av. front., carte, 15 pl. et de nombr. pl. en taille-douce et grav. s. bois. 4to. vél. 140.—
   Ce livre curieux est surtout intéressant par la grande partie de l'ouvrage, qui est occupée par la botanique de la Perse et du Japon.
   Très recherché.

262. **Kickx, J.**, Flore cryptogamique des Flandres. Publ. p. J. J. Kickx. Gand, 1867. 2 vol. Av. 2 portr. d. chagr. 10.—

263. **Knoop, J. H.**, Pomologia, dat is beschrijvingen en afbeeldingen van de beste soorten van appels en peeren. — **Id.**, Fructologia, of beschrijving der vrugtbomen en vrugten. — **Id.**, Dendrologia, of beschryving der plantagegewassen. — **Id.**, Beschryving van de moes- en keukentuin, zo van alle vrugten, planten en kruiden, die men in dezelve plant. — Leeuw. 1758—69. 4 vol. Av. 39 pl. color. fol. d. veau, n. r. 50.—
   Collection complète des ouvrages recherchés de Knoop, tous en premières et meilleures éditions.

264. **Koning, M. de,** Boschbescherming. De leer der ziekten en beschadigingen der houtgewassen. Zutphen, 1922. Av. portrait et 380 ill. 4to. toile. (16.90). 12.—

265. **Koorders, S. H.**, Exkursionsflora von Java, umfassend die Blütenpflanzen mit besond. Berücksicht. der im Hochgebirge wildwachsenden Arten. Jena, 1911—24. T. I—IV, 1—4. 8 vol. Av. cartes, pl. et figg. 45.—
   Tout ce qui a paru.

266. —— und **Th. Valeton,** Atlas der Baumarten von Java im Anschluss an die „Bijdrage tot de kennis der boomsoorten van Java" zusammengestellt. Leiden, 1913.—18. 4 vol. Av. 800 pl. En livr. 45.—

267. **Krok, Th. O. B. N.**, Bibliotheca botanica Suecana ab antiquissimis temporibus ad finem anni 1918. Svensk botanisk Litteratur från äldsta Tider t.o.m. 1918. Stockholm, 1926. W. portrait. cloth. 40.—

268. **Landbouwatlas** van Java en Madoera. Agricultural atlas of Java and Madura. Weltevreden, 1926. Atlas de 26 cartes doubles. fol.-obl. et 1 vol. de texte (en néerland. av. „summary" en anglais). gr. in-8vo. cart. *Epuisé.* 18.—
   Mededeel. v. h. Centraal kantoor v. d. statistiek, No. 33.

Prices are in guilders. One guilder = 40 Amer. cents. 1 $ = 2.50 guilders

269. **La Quintinye, De,** Instruction pour les jardins fruitiers et potagers, av. un traité des orangers.... etc. Amst., H. Desbordes, 1692. 2 tom. 1 vol. Av. portrait et plus. pl. 4to. veau.   20.—

270. —— Même ouvrage. Nouv. éd. corr. et augm. d'une instruction pour la culture des fleurs. Paris, 1739. 2 vol. Av. plus. pl., figg. et vign. 4to. veau, dos dor.   25.—

271. **Lauremberg, P.,** Horticultura ll. II comprehensa.... in qua quicquid ad hortum proficue calendum; et eleganter instruendum facit., explicatur. Francof., M. Merian, (1631). Av. superbe titre gravé et plus. pl. et figg. 4to. veau, tr. dor. *Bel ex.* 45.—
    La marge supérieure du titre très habilement restaurée.

272. **Linnaeus, C.,** Systema vegetabilum. Ed. XVI cur. C. Sprengel. C. Suppl. Gött. 1825—28. 6 tom. 5 vol. cart.   15.—

273. **Lotsy, J. P.,** Vorträge über botan. Stammesgeschichte. Lehrbuch der Pflanzensystematik. Jena, 1907—11. 3 vol. Av. ill. (45.—)
                                                                     30.—
    I. Algen und Pilze. — II. Cormophyta zoidogamia. — III, 1. Cormophyta siphonogamia.
    Tout ce qui a paru.

274. **Loudon, J. C.,** Arboretum et fruticetum Britannicum, or the trees and shrubs of Britain, native and foreign. London, 1838. 4 vol. de texte et 4 vol. de planches. 8vo. toile.   60.—

275. **Martius, K. F. P. von,** Historia naturalis palmarum. Lpz. 1823—50. 3 vols. With portrait, 220 coloured and 25 plain pl. Imp. fol. Half Russia. *Very fine copy.*   1400.—
    Excessively rare in coloured state and especially in such a fine condition, as to plates and bindings.

276. **(Massé, J.),** Traité des bois, et des différ. manières de les semer, planter, cultiver, exploiter, transporter et conserver. Paris, 1769. 2 vol. pet. in-8vo. veau fauve, dos dor.   15.—

277. **Matthiolus, P. A.,** Commentarii in sex libros Dioscoridis de medica materia. Adj. magnis, ac novis plantarum, ac animalium iconibus, super priores editiones longè pluribus. C. locupl. indicibus; etc. Venetiis, Valgrisi, 1565. Av. portrait et de nombr grav. s. bois. fol. d. veau.   100.—
    Le titre monté; qq. taches d'eau.

278. —— Herbarz aneb Bylinar. Praze. Weleslawyn, 1596. Av. de nombr. figg. s. bois. fol. peau de truie estamp.   250.—
    Edition tchèque, trad. et augm. sur la version allemande de Camerarius par Adam Huber de Riesenbach et Weleslawyn.
    Très rare.

279. —— Opera. Nunc a C. Bauhino ill. Basel, 1598. Av. titre gravé et plus de 300 grav. s. bois. fol. veau.   95.—
    Première édition de Matthiolus publ. par les soins de Bauhinus.

280. —— Discorsi nelli sei libri di Dioscoride della materia medicinale. Venetia, 1604. 2 forts vol. Av. portrait et env. 1000 grandes grav. s. bois. gr. in-fol. vieux mar. rouge.   225.—
    Meilleure édition, très recherché, où les plantes sont représentées en grand. (Brunet).
    Cette édition de Venise est en même temps la plus belle.

Mart. Nijhoff, The Hague — Cat. No. 559

281. **Meerburg, N.,** Plantae rariores vivis coloribus depictae. L. B., J. Meerburg, 1789. Av. 55 pl. color. à la main. — **Id.,** Plantarum selectarum icones pictae. L. B., J. Meerburg, 1798. Av. 28 pl. coloriées à la main. — En 1 vol. gr. in-fol. d. veau. 48.—
   Les planches du premier ouvrage représentent outre des plantes 55 espèces de papillons.

282. **Merian, M.,** Florilegium renovatum et auctum, rariorum maximeque rariorum germinum, florum, etc. quas pulchritudo, fragantia.... commendat, et non tantum noster hic, sed & adversus veteribusque ignotus orbis è foecundo suo procreat gremio, eicones. Franckf. a. Mayn, 1641. Av. beau front., une pl., représent. le jardin de J. Swindius et 173 pl., pour la plupart de fleurs, qq.-unes d'architecture de jardins et de vases de fleurs. fol. vél. 95.—
   Bel ex. Les planches sont d'une exécution artistique et d'une belle impression et surpassent par 32 le nombre de l'édition du même ouvrage en 1612, citée p. Pritzel. On y trouve e. a. des planches de „tulipa Persica" „narcissus Indicus liliaceus", „phaseolus Brasilicus", „caious moringa tamarindus", „Sinensis rosae arbuscula", „hyacinthus Peruanus", „martagoun sive lilium de Canada", „canna Indica", „ficus Indica minima", etc.

283. **Miller, Ph.,** Dictionnaire des jardiniers et des cultivateurs. Trad. de l'angl. sur la 8e éd. Brux. 1786—89. 8 vol. Av. front. et 23 pl. d. veau. 25.—

284. **Mission Emile Laurent** (1903—04). Enumération des plantes récoltées par Emile Laurent av. collabor. de Marc. Laurent pendant sa dernière mission au Congo p. L. de Wildeman. Brux. 1905, 07. 2 vol. Av. carte, portrait et 142 pl. 4to. En 5 portef. 70.—
   Pas dans le commerce et rare.

285. **Moens, J. C. B.,** De kinacultuur in Azië, 1854—1882. Batavia, 1882. Av. carte et 33 pl. 4to. toile. *Epuisé.* 22.—

286. **Moll, J. W.,** and **H. M. Janssonius,** Botanical pen-portraits. The Hague, 1923. W. 111 figg. cloth. (30.—) 20.—
   In the preface the authors state that their objects has been to give somewhat elaborate descriptions of the microscopical characters of a certain number of vegetable drugs, representing, as far as possible, all parts of the plants used in pharmacy. The method the authors make use of, is called the method of pen-portraits or portraying descriptions.
   As records of details the pen-portraits are without doubt the most elaborate descriptions of the structure of drugs that have yet been published. The diagrammac sketches that accompany are admirable.

287. **Munting, A.,** Naauwk. beschrijving der aardgewassen.... neevens derzelver.... geneeskrachten. Leyden, 1696. 2 tom. 1 vol. Av. front. et 250 pl. finement gravées. fol. veau. 30.—

288. —— Waare oeffening der planten, waar in de rechte aart, natuire, en verborgene eigenschappen der boomen, heesteren, kruiden, ende bloemen.... kenbaar gemaakt worden. 2e dr. Amst., J. Rieuwertsz, 1682. Av. front. et 40 pl. 4to. vél. 18.—

289. **Nees von Esenbeck, Th. Fr. L.,** und **W. Sinning,** Sammlung schönblühender Gewächse für Blumen- und Gartenfreunde. Düsseldorf, 1831. 4to. d. veau. Av. atlas de 100 belles pl. color. gr. in-fol. En portef. 45.—

Prices are in guilders. One guilder = 40 Amer. cents. 1 $ = 2.50 guilders

290. **Nooten, Berthe Hoola van,** Fleurs, fruits et feuillages choisis de la flore et de la pomone de l'île de Java. (Texte français-anglais). 3e éd. Brux. 1880. Av. 40 très belles pl. color. gr. in-fol. d. rel. 50.—

291. **Nyland, P.,** Het vermakelijck landtleven. Amst., M. Doornick, 1669. 3 parties en 1 vol. Av. 3 front. et de nombr. grav. 4to. d. bas. 90.—
    Division: I. Den verstandigen hovenier. — II. Den Nederlandtsen hovenier, beschrijv. alderhande .... lusthoven en hofsteden .... d. J. v. d. Groen. Met 200 modellen van bloempercken, parterres, ... en zonnewijzers. — III. Den ervaren huyshouder; Den naerstigen byenhouder; De verstandige kock of sorghvuldige huyshoudster.
    Recueil qu'on ne trouve que rarement complet. On remarque parmi les belles gravures des vues sur les châteaux à Ryswyck, et Honsholredyk. Ensuite env. 200 plans pour l'arrangement de jardins, de parcs, de parterres, etc.
    La première partie légèrement tachée d'eau; le titre de la 3e partie monté.

292. **Oosten, H. van,** De Neederlandsen hof, beplant met bloemen, ooft, en orangerijen; waar in geleerd werd, hoe men alderhande soorten van .... tulpen, angelieren, hyacinthen, narcissen, beeren-ooren, etc. sal voortkweeken. Hierbij .... den nieuwen Nederlandsen hesperides; of .... gebruik van de limoen en orangeboomen. 2e dr. Leyden, 1703. Av. front. et 5 pl. pet. in-8vo. vél. 18.—
    Dans la même reliure: **Oosten, H. van,** Register van alle de soorten der voornaamste vrugten .... en saaden. Leyden, 1703. — **Amsterdamsche vermaekelyke tuynvrugten.** Zynde eene nieuwe beschryvinge van het cultiveeren der tuynen. Amst. 1699.

293. **Oudemans, C. A. J. A.,** Enumeratio systematica fungorum in omnium herbarium Europaearum organis diversis hucusque observatorum. (Ed.) J. W. Moll, R. de Boer, L. Vuyck et J. J. Paerels. Hag. Com. 1919—24. 5 vol. gr. in-8vo. toile. 250.—
    Cet ouvrage contient une énumération des champignons parasitant sur les plantes de la flore européenne. Les noms des champignons sont accompagnés des citations de la littérature nécessaire et rangés selon les plantes nourricières et parmi celles-ci, selon les parties où ils se trouvent.
    Il est de toute valeur pour la détermination des champignons parasitants et indispensable pour tous les bibliothèques, musées, laboratoires, etc. de botanique et d'agriculture et pour tous ceux qui possèdent l'ouvrage de Saccardo.

294. —— De flora van Nederland. 2e verm. dr. Amst. 1872—74. 3 vol. 8vo. Av. atlas de 92 pl. color. 4to. veau. 25.—
    Ouvrage recherché. Meilleure édition.

295. **Pass, Crispin Van de,** Hortus floridus. The first book. Contayninge a very lively and true description of the flowers of the springe. W. pref. by E. Sinclair Rohde and calligraphy by M. Shipton. London, 1928. W. engraved titlepage and 41 full-page ill. square-4to. Hfcalf. 18.—
    Reproduction of the first book of the English translation, publ. for the first time in 1615, of the famous „Hortus floridus" of van de Passe. This first book, the „Spring garden" contains a notable collection of engravings of spring flowers, tulips ,auriculas, crown imperials, etc. which had only been introduced towards the close of the 16th and during the early years of the 17th century.

Mart. Nijhoff, The Hague — Cat. No. 559

296. **Pena, P., et M. de Lobel,** Nova stirpium adversaria. Antwerp., Chr. Plantin, 1576. Av. titre gravé et de nombr. grav. s. bois. fol. d. veau. (Rel. mod.) 40.—
    Forme le t. II de l'ouvrage de Lobel.

297. **Penzig, O., und P. A. Saccardo,** Icones fungorum javanicorum. Leiden, 1904. 2 vol. Av. 80 pl. en couleurs et noires. (36.—) 28.—

298. **Petzold, E., und G. Kirchner,** Arboretum Muscaviense. Die Entstehung und Anlage des Arboretum des Prinzen Friedrich der Niederlande zu Muskau. Nebst Verzeichniss der in demselben cultiv. Holzarten. Gotha 1864. Av. pl. en couleurs et un grand plan. Ens. 2 vol. toile. 12.—

299. **Planten- en cultuurgewassen, Oost-Indische.** Afbeeldingen betreff. koloniale voortbrengselen ten dienste van het onderwijs. Uitgeg. d. het Koloniaal Museum te Haarlem. Haarlem, 1895—1904. Série I, II, 1. Ens. 7 livr., conten. 84 planches. fol. En livr. 15.—
    Tout ce qui a paru.

300. **Pohl, J. E.,** Plantarum Brasiliae icones et descriptiones hactenus ineditae. Vindobonae, 1927—31. 2 vols. With 200 coloured pl. imp. fol. Hfcalf. 900.—
    Of this wonderful publication only a very limited number of copies exists. Excessively rare.
    Large paper copy in the best possible condition.

301. **Posthumus, O.,** The ferns of Surinam and of French and British Guiana. Malang, 1928. 6.—

302. **Praeadviezen** (Introductory papers) v. h. Internationaal Rubbercongres. Batavia 7—12 Sept. 1914. Weltevreden, 1914. 26 fasc. Av. figg. *Rare.* 25.—
    Contient des contributions de M. Barrowcliff, D. Birnie, F. T. Brooks and A. Sharples, H. Colenbrander, C. J. J. v. Hall, C. M. Hamaker e. a.

303. **Ravenscroft, E.,** The Pinetum Britannicum. A descriptive account of hardy coniferous trees cultivated in Great Britain. Edinburgh, 1884. 3 vol. With maps, photographs, 48 col. plates and 643 text-illustrations. imp. fol. Hfmor. 200.—

304. **Redi, F.,** Esperienze intorno a diverse cose naturali e particolarmente a quelle, che ci son portate dall'Indie. Firenze, 1686. Av. 6 pl. représent. la plante de chinine, de vanille, etc. 4to. br. 15.—

305. **Rivas Mateos, M.,** Botánica criptogámica partic. de las especies medicinales de la flora española. Madrid, 1925. Av. 5 pl. en couleurs et de nombr. ill. 16.50

306. **Rolland, L.,** Atlas des champignons de France, Suisse et Belgique. Paris, 1910. 120 planches en couleurs p. A. Bessin, représent. 283 espèces. Av. texte. Ens. 2 vol. br. et en portef. *Epuisé.* 35.—

307. **Rouy, G., et J. Foucaud,** Flore de France ou description des plantes qui croissent spontanément en France, en Corse et en Alsace-Lorraine. Asnières, 1893—1913. 14 vol. 50.—

Prices are in guilders. One guilder = 40 Amer. cents. 1 $ = 2.50 guilders

308. **Rumphius, G. E.**, Herbarium Amboinense, compl. arbores, herbas, etc. in Amboina et adjac. insulis repert. Lat. et Belg. ed. J. J. Burmannus. Cum Auctuario. Amst., F. Changuion, J. Catuffe, H. Uytwerf, 1741—55. 7 tom. 6 vol. Av. 2 portr. et 698 pl. fol. veau. 425.—

309. —— Même ouvrage. 6 vol. Av. front., 2 beaux portr. et 669 pl. fol. cuir de Russie. *Bel ex.* 300.—
> Sans le „Auctuarium".

310. —— d'Amboinsche rariteitskamer, behelz. eene beschryv. van allerhande zoo weeke als harde schaalvisschen, te weete raare krabben, kreeften .... hoorntjes en schulpen, die men in d'Amboinsche zee vindt; benevens zommige mineraalen, gesteenten, etc. in d'Amboinsche, en omliggende eilanden. Amst., J. R. de Jonge, 1741. Av. titre gravé, portrait et 60 pl. fol. veau. 75.—
> Réimpression de 1740 av. un nouveau titre. A part les dédicaces de Rumphius et de Fr. Halma à d'Acquet qui ont été remplacées par d'autres de de Jonge à J. Burmannus, cette édition est identique à la première.

311. —— Thesaurus imaginum piscium testaceorum, quales sunt cancri, echini, ... ut et cochlearum .... quibus acc. conchylia .... denique mineralia. L. B., P. v. d. Aa, 1711. Av. front., portrait et 60 pl. — **N. Sendelius,** Historia succinorum corpora aliena involventium et naturae opere pictorum et caelatorum ex regiis Augustorum cimeliis Dresdae conditis. Lps. 1742. Av. 13 pl. — En 1 vol. fol. veau. (Rel. restaurée). 30.—
> Le premier ouvrage contient les mêmes planches que l'édition de 1705; le texte latin est fort abrégé.

312. **Ryff, G. H.,** Reformierte deutsche Apoteck darinnen eigentliche Contrafractur der fürnembsten und gebrüchlichsten Kreüter, sampt ihrer Underscheidung. Art, Natur, etc. Straszburg, J. Rihel, 1573. Av. de nombr. grav. s. bois anciennement color. fol. peau de truie estamp., avec fermoirs (dont 1 fait défaut). *Très rare.* 175.—

313. **Schepens, J.,** De tuin boon in haare plant, bloem, en vrucht; van trap tot trap natuurkundig nagegaan, alle uit en inwendige deelen beschreven en met 76 afbeeldingen; met der zelver koleuren, zoo na haaren natuurlyke groote, als door vergroot glazen getekent. M. Beredenerend vertoog over de groei en wasdom dezer plant, etc. M. eenigen (8) afbeeldingen van anderen planten. Très beau ms. de 111 pp., écrit v. 1797. 4to. 45.—
> Ms. inédit sur la fève. Il est orné de 84 excellents dessins en couleurs sur 28 ff., montés sur papier. Il provient de la bibliothèque de M. Ploos van Amstel dont une lettre autographe est ajoutée.

314. **(Schinz, S.),** Anleitung zur der Pflanzenkenntnisz und derselben nützlichsten Anwendung. Zürich, In Verlag des Waysenhauses, 1774. Av. 102 pl. color. fol. d. veau. 140.—
> Ouvrage très curieux. Les planches ont été imprimées avec les bois originaux de Fuchs, Historia stirpium, et ont été coloriées avec un soin exceptionnel par des orphelins de Zürich. 2 planches donnent l'anatomie des plantes d'après le système de Linné.
> Excessivement rare.

315. **Schneider, G.**, The book of choice ferns for the garden, conservatory and stove. London, 1894. 3 vol. Av. pl. en couleurs et en noir. 4to. toile. 24.—
316. **Sebastus, N.**, De chocolatis potione. Resolutio moralis. Neap. 1665. Av. front. 12mo. vél. souple. 12.—
317. **Seu kwang ke,** Nung ching tseuen shoo. (Le trésor de l'agriculture). (Texte chinois). 60 tom. en 16 vol. Av. de nombr. ill. En 2 portef. toile. *Sur papier de Chine.* 50.—
    <small>L'auteur était un disciple des Jésuites. L'ouvrage fut publié pour la lre fois en 1640 et donne une revue exacte de l'état de la science agronomique pendant le Ming. Voir Wylie, p. 76.</small>
318. **Sicard, G.**, Histoire naturelle des champignons comestibles et vénéneux. Av. préf. p' A. Chatin. 2e éd. Paris, 1884. Av. 75 pl. en couleurs. 20.—
319. **Sodiro S. J., A.**, Cryptogame vasculares Quitenses adjectis speciebus in aliis provinciis ditionis Ecuadorensis hactenus detectis. Quiti, 1893. Av. 7 pl. d. veau. 15.—
320. **Steinmann, A.**, De ziekten en plagen van hevea Brasiliensis in Nederl.-Indië. Buitenzorg, 1925. Av. 116 pl., dont 26 en couleurs. 4to. toile. 22.50
321. **Sterbeeck, F. van,** Theatrum fungorum oft het tooneel der campernoelien waer inne de gedaente, ... en bereyden van fungien; en blijckteeckenen van degene die vergiftighe ghegeten hebben met de gheneesmiddelen, waer by een tractaet van de hinderlijcke cruyden van dit landt. Antw. 1675. Av. front., et 36 pl. — **Id.,** Citricultura oft regeringhe der uythemsche boomen, te weten oranien, citroenen, limoenen, granaten, laurieren, e. a. Antw. 1682. Av. front., 1 pl. d'armoiries et 14 pl. — En 1 vol. 4to. veau. (Dos restauré). 85.—
322. —— —— Le premier ouvrage seul. 4to. veau. 28.—
    <small>Le front. et le portrait manquent.</small>
323. **Stevens, K., ende J. Liebaut,** De veltbouw ofte lantwinninghe, inhoud.... cruudthoven ende fruythoven te maecken, ... byen te houden, te distilleren, ... visschen te vangen, ... wijngaerden te oeffenen, medicijn. wijnen te bereyden, parck voor wilde beesten te maken, midtsg. de wolve iacht. Verm. d. M. Sebizius Silesius. Amst., C. Claesz, 1588. Av. grav. s. bois sur le titre et dans le texte. fol. veau. 50.—
    <small>Première édition de cet ouvrage qui est une édition augmentée de l'ouvrage: De landtwinninghe ende hoeve, 1582, des mêmes auteurs. **Voir Moes en Burger, Amsterdamsche boekdrukkers, II, no. 314.** Le titre anciennement colorié. Qq. légers racommodages dans les marges des derniers ff. La reliure légèr. endommagée.</small>
324. **Sweertius, E.,** Florilegium ampliss. et selectiss., quo non, tantum varia diversorum florum praestantiss. et nunquam antea exhibit genera, sed et rarae quamplurimae Indicarum plantarum, et radicum formae, ad vivum partibus duabus, quatuor etiam linguis offeruntur et delineantur. Amst., J. Janssonius, 1631. 2 tom. 1 vol. Av. 110 pl. en grandeur de la page. fol. vél. souple. 50.—
    <small>On y trouve e. a. des pl. représent.: gladiole du Cap de bonne espérance; hyacinthe ou simbul des Indes; ranuncule asiatique; tulipe de</small>

Prices are in guilders. One guilder = 40 Amer. cents. 1 $ = 2.50 guilders

Perse; ananas des Indes; aloë d'America; canna d'Inde; fiques des Indes merveilles de Peru; nicotiane; roses d'oultre mer: thabac, etc. Le titre du t. I manque.

325. **Theophrastus,** De historia plantarum ll. XX. Gr. et Lat. In quibus textum graecum variis lectionibus, emendat. .... ill. J. Bodaeus à Stapel. Acc. J. C. Scaligeri animadvers. et R. Constantini annotat. Amst., H. Laurentius, 1644. Av. titre gravé et de nombr. grav. s. bois. fol. vél. cordé. *Bel ex.* 140.—
    Meilleure édition à cause des annotat. de Bodaeus, Scaliger et Constantinus. Très rare.

326. **Thomé,** Flora von Deutschland, Oesterreich und der Schweiz. Abt. II: Kryptogamen, von Migula. Bd. I—VI (= Bd. VI—X des ganzen Werkes). Gera, 1904—13. Av. 948 pl. en couleurs et en noir. En livr. (T. V—VI en 1 vol. d. rel., les pl. en 3 caisses). (180.—) 45.—

327. **Tournefort, Pitton,** Histoire des plantes qui naissent aux environs de Paris avec leur usage dans la medecine. 2e éd. Paris, 1725. 2 vol. pet. in-8vo. veau. 7.50

328. **Vaillant, S.,** Discours sur la structure des fleurs, leurs différences et l'usage de leurs parties, et l'établissement de trois nouveaux genres de plantes, l'Araliastrum, la Sherardia, la Boerhavia, avec description de 2 plantes rapp. au dernier genre. (Texte français et latin). Lugd. Bat., P. v. d. Aa, 1728. 4to. veau. 15.—

329. **Veitch & Sons,** Manual of orchidaceous plants, cultivated under glass in Great Britain. London, 1887—94. 10 parties en 2 vol. Av. 13 cartes, 80 pl. et de nombr. ill. dans le texte. En livr. 35.—
    Epuisé.

330. **Volkamer, J. Chr.,** Continuation der Nürnbergischen Hesperidum, oder Beschreibung der Citronat- Citronen- und Pomeranzen-Früchten, worbei diejenigen Sorten, so theils zu Nürnberg gewachsen, theils von verschied. fremden Orten dahin gelanget. M. Anhang von etlichen raren und fremden Gewächsen, als der Ananas, der Baum-Wolle. Nürnberg, 1714. Av. front. et 134 belles pl. p. von Delsenbach, Steinberger, e. a. fol. d. veau. 75.—
    Bel ouvrage. La partie supérieure de la plupart des planches représente les fruits, tandis que la partie inférieure donne des vues de jardins, châteaux, palais, et paysages en Italie, p. e. à ou près de Verona, Este etc. Puis on y trouve de grandes et belles vues de „Schlosz und Weijer auf den Brandenburger zu St. Georgen beij Baijreuth." „Prospect desz Hochfürstl. Gartens zu Christian Erlang", „Giardino d. Gio. Fr. Morosini in Padoua", „Hoch Fürstl. Residentz und Garten zu Passau", „Schlosz Schönbrunn"; enfin une pl., représent. e. a. „Vornehmer Herrn Trag Sessel zu Peking in Sina", et une „Arbor draconis" qui contient aussi une vue sur le Cap de Bonne Espérance.

331. **Wiesner, J. von, u. A.,** Die Rohstoffe des Pflanzenreiches. 3e erweit. Aufl. Lpz. 1921. T. III. Av. 332 figg.-(23.40) 12.—

332. **Wilson, E. H.,** Plant hunting. Boston, 1927. 2 vol. Av. 128 pl. toile, tête dor. 37.50

333. **Zanoni, G.,** Istoria botanica. Bologna, 1675. Av. front. et 80 pl. gravées. fol. vél. 32.—
    Première édition.

IV. PERIODICALS

334. **Acta** Societatis pro fauna et flora fennica. Helsingfors, 1888—1906. Vol. 5, part 1, 3; vol. 6—12, 19—28. 18 vols.   100.—

335. **Actes** de la Société d'histoire naturelle de Paris. Paris, 1792. Vol. 1, part 1. bound. 50.—
    All published.

336. **Amsterdam.** — **Jaarboekje** v. h. Kon. Zoologisch Genootschap Natura Artis Magistra. Amst. 1852—75. 24 vols. bound. 20.—
    Annual of the Zoological Garden at Amsterdam. All published.

337. **Annales bryologici.** A yearbook devoted to the study of mosses and hepatics. The Hague, 1928—30. Vol. 1—3. bound. 22.50

338. **Annales** d'horticulture et de botanique, etc. Leide, 1858—62. 5 vols. hfcalf. 50.—
    All published.

339. **Annales** de la Société entomologique de Belgique. Brux. 1857—1912. Vol. 1—56 and index 1—30. 57 vols. in 50 bound. (not uniform and 3 vols. sewed). 450.—
    1 Titlepage is missing.

340. **Annali, Nuovi,** delle scienze naturali. Bologna, 1838—42. Vol. 1—2, 7—8. 4 vols. 12.—
    Added: 4 parts of vol. 6 and 1 part of vol. 9.

341. **L'Année biologique.** Comptes rendus annuels des travaux de biologie générale. Paris, 1897—1903. 7 vols. bound. 45.—
    All published.

342. **Ardennes.** — **Bulletin** de la Société d'histoire naturelle des Ardennes. Charleville, 1894—1929. Vol. 1—23. 60.—

343. **Batavia.** — **Mededeelingen** van het Visscherijstation te Batavia. Buitenzorg, 1908. Nrs. 1—10. 12.—
    Communications from the Fish-cultural Station in the Dutch East-Indies.

344. **Belgique horticole, La.** Journal des jardins, des serres et des vergers. Liége, 1851—85. 35 vols. With index of which 27 hfcalf. 275.—
    All published.

345. **Bibliographia genetica.** 's-Grav. 1925—29. Vol. 1—5. bound. 125.—
    This publication gives a complete review of the genetic literature, publ. from 1900—1923 inclusive. It consists of numerous monographs, either in English, French or German.

346. **Bologna.** — **Rendiconto** d. sessioni della R. Accademia d. scienze dell' istituto di Bologna. Bologna, 1907—17. New series, vol. 11—21. 24.—

Prices are in guilders. One guilder = 40 Amer. cents. 1 $ = 2.50 guilders

347. **Bucaresci. — Bulletin** de la section scientifique de l'Académie roumaine. Bucarest, 1913—27. Year 2—10. 11, part 1—3. With index. 9 vols. 24.—
348. **Buitenzorg. — Annales** du Jardin Botanique de Buitenzorg. Batavia, Leiden, 1876—1928. Vol. 1—38. With the 4 suppl. and index. bound. 1100.—
   Very rare.
349. —— **Bulletin** de l'Institut botanique de Buitenzorg. Batavia, 1899—1905. Nrs. 2—22 (last published). 17.50
   For the continuation see the following nr.
350. —— **Bulletin** du Département de l'agriculture aux Indes Néerlandaises. Batavia, Buitenzorg, 1906—11. Series 1, 47 nrs. 65.—
   For the continuation see the following nr.
351. —— **Bulletin** du Jardin Botanique de Buitenzorg. 's-Grav. 1911—29. Series 2 (28 nrs) — series 3, vol. 1—5, 7—10, part 1—3. 97.50
   Vol. 6 of the 3d series is not yet out.
352. —— **Jaarboek** v. h. Dept. v. landbouw, nijverheid en handel in Nederl. Indië, 1906—1928. Buitenzorg, 1906—29. Year 1—23. 80.—
   Annual of the Department of agriculture, industry and commerce in the Dutch East-Indies.
353. —— **Mededeelingen Korte,** v. d. afd. landbouw (*later:*) v. d. landbouwvoorlichtingsdienst (v. h.) Dept. van landbouw, etc. (van Nederl.-Indië). Batavia, 1926—29. Nrs. 1—7. 5.—
   Communications of the agricultural section of the Department of agriculture of the Dutch East-Indies.
354. —— **Mededeelingen** v. d. afd. zaadteelt (v. h.) Dept. van landbouw, nijverheid en handel (van Nederl.-Indië). Batavia, 1920. Nr. 1. 2.—
   Communications of the seed-culture section of the Department of agriculture of the Dutch East-Indies.
355. —— **Medeelingen** uit den cultuurtuin v. h. Instituut voor plantenziekten en cultures (uitgeg. d. h. Dept. van landbouw, etc.). Batavia, 1913—18. Nrs. 1—12. 7.25
   Communications of the Institute for plant-disease and -cultivation of the Dutch East-Indies.
356. —— **Mededeelingen** v. h. Instituut voor plantenziekten. Batavia, 1912—29. Nrs. 1, 3—16, 18—27, 29—56, 58—75. 71 parts. 80.—
   Communications of the Institute for plant-disease in the Dutch East-Indies.
357. —— **Mededeelingen, Korte** v. h. Instituut voor plantenziekten. Buitenzorg, 1926, 27. Nrs. 1—10. 5.—
   Brief communications of the Institute for plant-disease in the Dutch East-Indies.
358. —— **Mededeelingen** v. h. kinaproefstation (uitgeg. d. h. Dept. van landbouw, etc.). Batavia, 1912—25. Nrs. 1—9. 8.—
   Communications of the experiment-station of cinchona cultivation in the Dutch East-Indies.

Mart. Nijhoff, The Hague — Cat. No. 559

359. **Buitenzorg.** — **Mededeelingen** v. h. agricultuur chemisch laboratorium. Batavia, 1912—18. Nrs. 1—3, 5—19. 14.—
    Communications of the agricultural-chemical laboratory in the Dutch East-Indies.

360. —— **Mededeelingen** v. h. laboratorium voor agrogeologie en grondonderzoek. v. h. Algem. proefstation v. d. landbouw. Weltevreden, 1915—20. Nr. 1—6. 4.50
    Communications of the laboratory for agrogeology in the Dutch East-Indies.

361. —— **Mededeelingen** v. d. landbouwvoorlichtingsdienst (*later:*) afd. landbouw (v. h. Dept.) van landbouw, etc (van Nederl. Indië). Batavia, 1918—28. Nrs. 1—14. 23.50
    Communications of the Service of agricultural enlightenment in the Dutch East-Indies.

362. —— **Mededeelingen** v. h. Algemeen proefstation v. d. landbouw. Batavia, 1929—28. Nrs. 1—27. 56.—
    Communications of the General agricultural experiment station in the Dutch East-Indies.

363. —— **Mededeelingen, Korte,** v. h. Algemeen proefstation v. d. landbouw. Buitenzorg, 1926—28. Nrs. 1—7. 4.—
    Brief communications of the General agricultural experiment-station in the Dutch East-Indies.

364. —— **Mededeelingen** v. h. proefstation v. h. boschwezen. Batavia, 1917—29. Nrs. 2—17, 19—23. 85.—
    Communications of the experiment-station of forestry in the Dutch East-Indies.

365. —— **Mededeelingen, Korte,** v. h. proefstation voor het boschwezen. Buitenzorg, 1922—28. Nrs. 2—14. 7.50
    Brief communications of the experiment-station of forestry in the Dutch East-Indies.
    Nr. 12. contains the English translation of nr. 1. which is out of print.

366. —— **Mededeelingen** v. h. proefstation voor rijst (uitgeg. d. h. Dept. van landbouw, etc.). Batavia, 1912—16. Nrs. 1—3. 3.50
    Communications of the experiment-station of the cultivation of rice in the Dutch East-Indies. All published.

367. —— **Mededeelingen** v. h. proefstation voor tabak (uitgeg. d. h. Dept. van landbouw, etc.). Batavia, 1911—12. Nrs 1—7. 4.—
    Communications of the experiment-station of the cultivation of tobacco in the Dutch East-Indies.

368. —— **Mededeelingen** v. h. proefstation voor thee (uitgeg. d. h. Dept. van landbouw, etc.). Batavia, 1909—19. Nrs. 5—10, 12—21, 24—27, 29, 34, 40—43, 46—48, 52, 55, 67. 32 nrs. 27.50
    Communications of the experiment-station of the cultivation of tea in the Dutch East-Indies.

Prices are in guilders. One guilder = 40 Amer. cents. 1 $ = 2.50 guilders

369. **Buitenzorg.**—**Verslag** (van de) afd. landbouw (v. h.) Dept. van landbouw, nijverheid en handel (in Nederl. Indië) over 1923—1927. Buitenzorg, 1924—25. 5 vols. 26.—
  Report of the agricultural section of the Department of Agriculture, etc. in the Dutch East-Indies. The years 1923—1925 have been published under the title: Jaarverslag v. d. landbouwvoorlichtingsdienst.

370. —— **Verslag** v. d. dienst v. h. boschwezen in Nederl. Indië, over 1905, 1906, 1908—1924. With „Bijvoegsel" 1913 1917, 1919—1927. Batavia, Weltevreden, 1906—1929. 34 vols. 130.—
  Annual reports of the Service of forestry in the Dutch East-Indies.

371. **Bulletin** de l'Association des planteurs de caoutchouc. Anvers, 1909—22.·Vol. 1—9. bound. 90.—
  4 indexes missing, if ever published.

372. **Bulletin** de la Société botanique de Belgique. Brux. 1910—12. Vol. 47—49. 3 vols. 10.—
  Part 3 of vol. 47 missing.

373. **Caoutchouc, Le,** et la gutta-percha. Paris, 1921—25. Year 18—22. 5 vols. of which 4 bound. 30.—
  2 nrs and 1 index missing.

374. **Capita zoologica.** Verhandelingen op systematisch-zoologisch gebied. 's-Grav. 1921—29. Vol. 1, 2, part 1—8. Partly bound. 86.—
  This publication contains monographies in German, English and French of a systematic-zoological character.

375. **Catania.** — **Atti** dell' Accademia gioenia di scienze naturali di Catania. Catania, 1825, 27. Vol. 1, 2. 20.—

376. —— —— Idem. Catania, 1836. Vol. 9. 10.—

377. **Cher.** — **Bulletin** de la Société d'agriculture du Dépt. du Cher. Bourges, 1820—1926. Year 1—107. 51 vols. 160.—

378. **Cherbourg.** — **Bulletin** de la Société d'horticulture de Cherbourg. Cherbourg, 1869—1929. Year 1—59. In 66 parts. 160.—
  Added: **Bulletins** (1846 and 1848), the only published before 1869.

379. **Chrysanthème, Le.** Journal de la Société nationale des chrysanthémistes français. Lyon, 1896—1929. — Nr. 1—234. With index. Partly bound in 5 vols. hfcalf. 200.—

380. **Coimbra.** — **Boletim** da Sociedade Broteriana. Coimbra, 1883—1928. Vol. 1—2d series, vol. 5. 33 vols. 300.—

381. **Edinburgh.** — **Proceedings** of the Royal society of Edinburgh, 1920—27. Edinburgh, 1922—28. Vol. 41—46, 47, part 1—3. 6 vols. 35.—

382. **Firenze.** — **Atti** della R. Accademia economic-agraria del georgofili di Firenze. Firenze, 1853—68. New series, vol. 1—15. In 14 vols. hfcalf. 90.—

383. **Flora Batava.** Afbeelding en beschrijving der N e d e r l a n d-
s c h e g e w a s s e n. Leiden, Haarlem, 's-Grav. 1800—1929.
Vol. 1—26, 27, part 1—20 (= part 1—441). With index. 28
vols., of which 25 unif. hfcalf. 1300.—
    Description of all plants growing in the Netherlands (Dutch and
    French text).

384. **Flore** des s e r r e s d e s j a r d i n s d e l'E u r o p e. Gand,
1845—83. 23 vols. hfcalf. 350.—
    All published.

385. **Folia microbiologica.** Nederlandsch tijdschrift voor m i k r o-
b i o l o g i e. Delft, 1912—19. 5 vols. 100.—
    Dutch review on microbiology. The greater part of the contributions
    are in German. All published.

386. **Forhandlinger, Biologisk Selskabs,** 1897—1919/20. København,
1898—1920. 22 parts. 48.—

387. **Fribourg.** — **Bulletin** de la S o c i é t é F r i b o u r g e o i s e
d e s s c i e n c e s n a t u r e l l e s. Fribourg, 1880—1927.
Year 1—28. 80.—

388. **Genetica.** Nederl. tijdschrift voor e r f e l ij k h e i d s- e n a f-
s t a m m i n g s l e e r. 's-Grav. 1920—29. Vol. 1—11. bound.
275.—
    Review, containing, contributions in German, English, French and
    Dutch on the theory of heridity, etc.

389. **Gent.** — **Annales** de la S o c i é t é R o y a l e d'a g r i c u l-
t u r e e t d e b o t a n i q u e d e G a n d. Gand, 1845—49. 5
vols. hfcalf. 40.—
    All published.

390. —— **Jaarboek, Botanisch.** Uitgeg. d. h. k r u i d k u n d i g
G e n o o t s c h a p D o d o n a e a te Gent. Gent, 1889—98.
Year 1—11. Partly bound in 4 vols. 30.—
    Annual published by the Botanical Society Dodonea at Ghent.

391. **Gironde.** — **Bulletin** de la S o c i é t é d'a p i c u l t u r e d e la
G i r o n d e. Bordeaux, 1877—86. Year 1—9, 10, part 1—4. 10
vols. 25.—

392. **Göttingen.** — **Abhandlungen** der Kön. G e s e l l s c h a f t d e r
W i s s e n s c h a f t e n z u G ö t t u n g e n. M a t h e m a t.-
p h y s i k a l. K l a s s e. Göttingen, 1894—1908. Series 1,
vol. 49—30. series 2, vol. 1—6, nr. 1. Tog. 8 vols. 90.—
    Series 2, vol. 1—6, nr. 1 Tog. 8 vols.

393. —— **Nachrichten** v. d. k ö n i g l. G e s e l l s c h a f t der
W i s s e n s c h a f t e n z u G ö t t i n g e n. M a t h e m a t.-
p h y s i k a l. K l a s s e, 1907—24. P h i l o l o g i s c h-h i s-
t o r. K l a s s e, 1907—23. Berlin, 1907—25. Tog. 35 vols.
65.—
    1 titlepage and 1 index missing.

394. **'s Gravenhage.** — **Verslag** betr. de takken van d i e n s t, r e s-
s o r t. o n d e r d e D i r e c t i e v. d. l a n d b o u w over
1911—1918. 's-Grav. 1912—19. 8 vols. 12.50
    Reports of the Dutch Agricultural Service.

Prices are in guilders. One guilder = 40 Amer. cents. 1 $ = 2.50 guilders

395. **'s Gravenhage.** — **Verslagen en Mededeelingen** v. d. afd. l a n d-
b o u w v. h. D e p t. v a n w a t e r s t a a t, h a n d e l e n
n ij v e r h e i d (*later*: v. d. Directie v. d. landbouw). 's-Grav.
1904—25. 22 vols. 70.—
   Reports of the section agriculture of the Department of agriculture,
   commerce and industry of the Netherlands.

396. **Grönland.** — **Meddelelser** om G r ø n l a n d udgivne af C o m-
m i s s i o n e n f o r L e d e l s e n a f d e g e o l o g i s k e
o g g e o g r a p h i s k e U n d e r s ø g e l s e r i G r ø n-
l a n d. Kjøbenhavn, 1879—1924. Vol. 1—54, 56, 57, 59—63,
66, 67. With „Oversigt". 63 vols., of which 2 hfcalf. 350.—
   All published up to the end of 1924.

397. **Gummi Zeitung.** Fachblatt für die G u m m i-G u t t a p e r-
c h a- u n d A s b e s t i n d u s t r i e. Berlin, 1886—1924
Year 1—31, 34—38. 36 vols. in 56, of which 54 bound. 400.—
   Some pages or one or two numbers or appendices of most of the years
   are missing.

398. **Harlem.** — **Archives néerlandaises** de p h y s i o l o g i e d e
l' h o m m e e t d e s a n i m a u x. Publ. par la Société Hol-
landaise des sciences à Harlem. La Haye, 1916—29. Vol. 1—14.
180.—

399. — **Archives néerlandaises** des s c i e n c e s e x a c t e s e t
n a t u r e l l e s. Publ. par la Société Hollandaise des sciences
à Harlem. La Haye, Harlem, 1866—1929. Vol. 1 — series 3 (A.
Sciences exactes, vol. 1—12. B. Sciences naturelles, vol. 1—4.
Tog. 61 vols. 300.—

400. —— **Verhandelingen** der H o l l a n d s c h e M a a t s c h a p-
p ij v a n W e t e n s c h a p p e n. Haarlem, Amst. 1754—93.
27 vols. (instead of 30). — Natuurkundige verhandelingen.
Amst., Haarlem, 1799—1919. Vol. 1—3d series, vol. 8. Tog. 57,
vols. — Wijsgeerige verhandelingen. Haarlem, 1821, 22. Vol. I,
II, 1. 3 vols. — Letter- en oudheidk. verhandelingen. Haarlem.
1815, 20. Vol. 1, 3. — Historische en letterk. verhandelingen
Haarlem, 1851—53. 2 vols. — Tog. 91 vols. Partly bound.
500.—
   A complete collection of all the works of the Dutch Society of sciences
   at Harlem is untraceable. Only some of the earlier vols. of our collection
   are missing, viz.: Verhandelingen. 1790—1792. Vol. 27—29; one general
   index and one front.; Letter- en oudheidkundige verhandelingen. 1816.
   Vol. 2; Werktuig- en wiskundige verhandelingen. 1802. (Only vol.
   published.

401. **Icones fungorum Malayensium.** Abbildungen und Beschreibun-
gen der Malayischen Pilze. Wien, 1923—26. Part 1—16. —
Idem. Beihefte. Abhandlungen zur Biologie. Cytologie und Phy-
siologie der Malayischen Pilze. Wien, 1925. Part I. 26.50

402. **L'Illustration horticole.** Journal special des s e r r e s e t d e s
j a r d i n s. Gand, Brux. 1854—96. 43 vols. hfmor. 450.—
   All published.

403. **Jaarbericht** der c l u b v a n N e d e r l. v o g e l k u n d i-
g e n. Deventer, 1911—19. Nrs. 1—9. 18.—
   Annual of a Dutch ornithological Society.

Mart. Nijhoff, The Hague — Cat. No. 559

404. **Jaarverslag** omtr. den toestand der v i s s c h e r ij e n o p d e S c h e l d e e n Z e e u w s c h e s t r o o m e n over 1890— 1919. Tholen, 1891—1920. 30 vols. 40.—
Annual reports on the fisheries in the Scheldt and in Zealand.

405. **Journal** of h e r e d i t y. Publ. by the American genetic association. Washington, 1915—26. Vol. 6—17. 11 vols. bound. 50.—
Added: Vol. 5, nrs. 8—12. 1 vol. bound.
Vol. 12 and titlepage and index to vol. 14 missing.

406. **Kagok-Tegal.** — **Mededeelingen** v. h. p r o e f s t a t i o n v o o r s u i k e r r i e t i n W e s t - J a v a, Kagok, Tegal, Java. 's-Grav. 1890. Vol. 1. bound. (9.—) 6.—
Communications of the experimentations -tof sugar cultivation „West-Java, Dutch East-Indies".

407. —— —— Idem. Soerabaia, 1894—1905. Nrs. 11, 18, 21—23, 25, 29—31, 33, 35—38, 40—42, 44, 45, 54—57, 59, 61—64, 66, 67, 70, 75—77. 35 parts. 30.—
Communications of the experiment-station of sugar-cultivation „West-Java", Dutch East-Indies.

408. **Kjøbenahvn.** — **Aarsskrift** „Den Kongelige veterinaer- og landbohogskole. København, 1917—24. 8 vols. 48.—

409. **Kraków.** — **Bulletin internat.** de l'A c a d é m i e p o l o n a i s e d e s s c i e n c e s e t d e s l e t t r e s. C l a s s e d e s s c i e n c e s m a t h é m a t i q u e s e t n a t u r e l l e s. Cracovie, 1926—27. Series A, year 1926, 1927. nr. 1—7, series B, year 1926, 1927, nr. 1—3. 2 vols. 5.—
5 nrs., 1 titlepage and 1 index missing.

410. **Leiden.** — **Annales** M u s e i B o t a n i c i L u g d u n o-B a t a v i. Amst. 1863—68. 4 vols. 65.—
All published.

411. —— **Mededeelingen** van 's R ij k s H e r b a r i u m L e i d e n. Leiden, 1910—27. Nrs. 1—5, 8—54, 54A. With atlas. 65.—
Communications of the State Herbarium at Leyden, containing contributions in English, German and French.
The missing nrs. 6—7 contain only a list of duplicates and one report.

412. —— **Notes** from the L e y d e n M u s e u m. Leyden, 1879— 1914. With index. 36 vols. 170.—
Publication of the zoological museum at Leiden. All published.

413. **Leipzig.** — **Academiae Caesareo-Leopoldinae** naturae curiosum ephemerides s. o b s e r v a t i o n u m m e d i c o - p h y s i c a r u m c e n t u r i a. 1—10. 5 vols. — (*Continued by:*) **Acta. physico-medica,** etc. 10 vols. — (*Continued by:*) **Nova acta.** Vol. 1—8. — Francof., Norimb. 1812—91. Tog. 23 vols. bound. 450.—

414. —— **Acta physico-medica** A c a d e m i a e C a e s a r e a e- L e o p. C a r o l i n a e. Norimb. 1737—54. Vol. 1—9. — **Nova Acta.** Norimb. 1757—83. Vol. 1—7. — Tog. 16 vols. 150.—
3 vols. of the „Acta" in 2d edition.

Prices are in guilders. One guilder = 40 Amer. cents. 1 $ = 2.50 guilders

415. **Leningrad.** — **Annuaire** du Musée zoologique de l'Académie impériale des sciences de St. Pétersbourg. St.-Pétersbourg, 1896—1914. Vol. 1—19.
 280.—
 4 parts, 2 titlepages, 2 indexes and some pp. missing.

416. **Liége.** — **Archives** de l'Institut botanique de Liége. Brux. 1897—1907. Vol. 1—4. 20.—

417. **Limousin.** — **Règne végétal, Le.** Revue mensuelle de la Société botanique du Limousin. 3 vols. — (Continued by:) **Revue scientifique** du Limousin. Year 1—32. — Limoges, 1890—1928. Tog. 18 vols. 150.—

418. **Lisboa.** — **Jornal** de sciências matématicas, fisicas e naturais. Publ. da Academia das sciências de Lisboa. Lisboa, 1918—27. Vol. 20—24. 30.—

419. **Lyon.** —**Annales** de la Société botanique de Lyon. Lyon, 1873—85, 1900—05. Vol. 1—12, 25—30. 18 vols. 90.—

420. —— **Annales** de la Société Linnéenne de Lyon. Lyon, 1911—28. New series, vol. 58—73. 16 vols. 60.—

421. **Manchester.** — **Memoirs and proceedings** of the Manchester literary and philosophical Society. Manchester, 1900—27. Vol. 44—71. 28 vols. 60.—

422. **Medan.** — **Mededeelingen** v. h. Deli proefstation te Medan. Medan, 1906—12. Year 1—6, 7, part 1—4. 7 vols.
 60.—
 Communications of the tobacco experiment-station at Medan, Sumatra.

423. **Meddelelser, Videnskabelige,** fra den naturhistoriske Forening i Kjöbenhavn. Kjöbenhavn, 1849—1923. Vol. 1—76. 76 vols. in 60, of which 5 bound. 350.—

424. **Mededeelingen en Verslagen** van de Visscherijinspectie. 's-Grav. 1912—19. Nrs. 1—25. 94 vols. 50.—
 Communications and reports of the Service of the inspection of the Dutch fisheries.
 For the precursor see nr. 481.

425. **Mededeelingen** over visscherij. Den Helder, 1904—16. Year 11—23. With indexes. 13 vols. 35.—
 Monthly communications on the Dutch fisheries.

426. **Mémoires** de la Société de naturalistes de la Nouvelle-Russie. Odessa, 1872—1911. Vol. 1—36.
 450.—

427. **Micrographe préparateur, Le.** Paris, Grez-sur-Loing, 1893—1906. 14 vols. With index. 15 vols. in 13, of which 12 bound.
 625.—
 All published. Very rare.

428. **Mitteilungen** der Deutschen dendrologischen Gesellschaft, 1892—1928. Wendisch-Wilmersdorf, 1906—28. 27 vols., of which 5 bound. 375.—

429. **Monatschrift** für das Forst- und Jagdwesen mit besonderer Berücksichtigung von Süddeutschland. 22 vols. — (*Continued by:*) **Forstwissenschaftliches Centralblatt.** New series, year 1—50. — Stuttg., Berlin, 1857—1928. Tog. 72 vols. in 53. bound. 1900.—
430. **Moscou.** — **Bulletin** de la Société impériale des naturalistes de Moscou. Moscou, 1867—1913. Vol. 40 — new series, vol. 26. Tog. 46 vols., of which 20 hfcalf. 600.—
    3 parts, some „Observations météorologiques" and some pp. missing.
431. **Moscou.** — **Bulletin.** Idem. Moscou, 1885—1913. Vol. 61—new series, vol. 26. Tog. 28 vols. 250.—
    5 parts, „Météorol. Beobachtungen 1890", 3 pl. and some pp. missing.
432. **Napoli.** — **Bollettino** della Societa di naturalisti in Napoli. Napoli, 1887—1928. Vol. 1—39. In 27 vols., of which 9 hfvellum. 500.—
433. **Naumannia.** Archiv für die Ornithologie, vorzugsweise Europa's. Stuttg. 1849—56. Year 1—6. In 5 vols. hfcalf. 36.—
434. **Nord de la France.** — **Bulletin** de la Société Linnéenne du Nord de la France. Abbeville, 1840. 1 vol. (only one published). — **Bulletin** de idem. Amiens, 1872—1929. Vol. 1—23. — **Mémoires** de idem. Amiens, 1867—1908. Vol. 1—12. — Tog. 36 vols. 300.—
    All published up to date. One index in ms.
435. —— Idem. Without the vol. of 1840. Tog. 35 vols. in 37. 200.—
    One index in ms.
436. **Oslo.** — **Videnskabs-selskabet i Christiania.** — **Forhandlinger,** 1908—1926. — **Skrifter** Matematisk-Naturvidenskapelig. Klasse, 1908—1926. — Christiania, 1909—27. With index. Tog. 46 vols. 375.—
437. **Paloalto.** — **Food Research Institute. Stanford University.** Publications. (Paloalto), 1923—29.
    Wheat studies. Vol. 1—5 bound. 137.50
    Fats and oil studies. Nrs. 1—3. bound. 20.—
    Miscellaneous publications. Nrs. 1—5. bound. 28.25
438. **Paramaribo.** — **Bulletins** van het Departement van landbouw in Suriname. Paramaribo, 1908—25. Nrs. 10—12, 14—36, 38—42, 44—50. 37 nrs. 45.—
    Bulletin of the Department of agriculture in Surinam.
439. —— **Mededeelingen** v. h. landbouwproefstation Suriname. Paramaribo, 1926—29. Nrs. 1—4. 1.75
    Communications of the agricultural experiment-station in Surinam.
440. —— **Verslagen** v. h. Dept. van Landbouw in Suriname 1904—1927. Paramaribo, 1905—28. 21 vols. 25.—
    Annual reports of the Department of agriculture in Surinam.
441. **Paris.** — **Bulletin** du Muséum national d'histoire naturelle. Paris, 1916—27. Vol. 22—32, 33, part 1, 2. 12 vols. 50.—
442. —— **Procès-verbaux** des séances de l'Académie des sciences tenues depuis la fondation jusqu'à 1835. Hendaye 1910—22. 10 vols. 90.—
    All published.

Prices are in guilders. One guilder = 40 Amer. cents. 1 $ = 2.50 guilders

443. **Pavia.** — **Atti** dell Istituto botanico dell' universitá di Pavia. Milano, 1888—1918. Vol. 1—16.
275.—

444. **(Publications)** de la Société zoologique de France. Paris, 1876—1928. 85 vols. 1125.—
Bulletin. 1876—1928. Vol. 1—53.
Mémoires. 1888—1927. Vol. 1—28. With Suppl. and index to the bulletin and mémoires. Tog. 31 vols.
Causeries scientifiques. 1900—05. Vol. 1.

445. **Recueil** des travaux botaniques néerlandais. Nijmegen, Groningen, etc. 1904—26. Vol. 1—23. 250.—

446. **Regensburg.** — **Denkschriften** der Königl. Bayerischen botanischen Gesellschaft zu Regensburg. Regensburg, 1815—41. Vol. 1—3. bound. 40.—

447. **Resumptio genetica.** 's-Grav. 1926—29. Vol. 1—3. bound.
75.—
„Resumptio genetica" contains referata of all forthcoming literature on genetics and also complete lists of the genetic literature of the world.

448. **Retzius, G.,** Biologische Untersuchungen. Stockholm, 1881—1921. 2 series. Tog. 21 vols. of which 19 bound. 425.—
All published.

449. **Revue** de botanique appliquée et d'agriculture coloniale. Paris, 1921—27. Vol. 1—7. 100.—
Titlepage to vol. 2 missing.

450. **Revue** de l'horticulture belge et étrangère. Gand, 1875—1905. Vol. 1—31. 120.—

451. **Revue zoologique** par la Société Cuvierienne. Paris, 1840—56. Vol. 1—2d series, vol. 8. 19 vol. hfcalf. 125.—

452. **Rheinland.** — **Verhandlungen** des Naturhistorischen Vereins der preussischen Rheinlande und Westphalens *(later)* **Sitzungsberichte** der Niederrheinischen Gesellschaft für Natur- und Heilkunde zu Bonn). Bonn, 1844—1928. Year 1—84. In 79 vols., of which 65 bound. 375.—
1 pl., 2 pp. and 2 nrs of the „Correspondenzblatt' of year 9 missing.

453. **Rivista** di agricoltura, industria e commercio. Firenze, 1869—74. 5 vols. 60.—
All published.

454. **Roma.** — **Atti** della Reale Accademia dei Lincei. Classe di scienze fisiche, matematiche e naturali. — **Memorie.** Roma, 1904—14, 19—26. 5th Series, vol. 4—10, 13, 14; 6th series, vol. 1, 2. 11 vols. — **Rendiconti.** Roma, 1903—14, 19—26. 5th series. vol. 12—22, 23, part 1, 28, 31—33; 6th series, vol. 1—6. 22 vols. in 37. — Tog. 33 vols. in 48. 125.—
25 Parts and 2 titlepages and indexes missing.

455. **Rotterdam.** — **Verhandelingen** (and) **Nieuwe verhandelingen** van het Bataafsch Genootschap der proefondervindelijke wijsbegeerte te Rotter-

d a m. Rott. 1774—1925. Vol. 1— new series, vol. 9. Tog. 33 vols. in 26, of which 16 hfcalf. 300.—
>Proceedings of the Batavian Society of natural history and sciences at Rotterdam.
>All published till the end of 1925.
>Added: Verslag der voordrachten van leden van het Bataafsch genootschap. Rott. 1914—26. 2 vols.

456. **Sankt Gallen.** — Bericht über die T h ä t i g k e i t d e r S t. G a l l i s c h e n N a t u r w i s s e n s c h a f t l i c h e n G e s e l l s c h a f t (later:) **Jahrbuch** etc., 1858—1924. St. Gallen, 1860—1924. Vol. 1—960. vols. 275.—
>Added the complete set of the precursor: Uebersicht der Verhandlungen der St. Gallischen naturwissenschaftlichen Gesellschaft, 1819—1842. St. Gallen, 1821—42. 14 parts.
>Verfassung der St. Gallischen naturwissenschaftlichen Gesellschaft St. Gallen, 1819.

457. **Soerabaia.** — **Jaarverslag** van het p r o e f s t a t i o n O o s t - J a v a (later:) J a v a - S u i k e r i n d u s t r i e). 1904—1911. Soerabaia, 1905—12. 8 vols. in 4. bound. 50.—
>Annual reports of the agricultural experiment-station of sugar-cultivation „Oost-Java".

458. —— **Mededeelingen** v. h. p r o e f s t a t i o n „O o s t - J a v a" Soerabaia, 1893—1905. New series, nrs. 2, 4, 5, 7, 10—12, 15, 18, 19, 22, 26, 29—31, 35, 37, 39, 41, 43, 45—48; 3rd series, nrs. 1—5, 7—17, 19—21, 23—25, 27—33, 35, 37—41, 45, 48; 4th series, nrs. 3, 8, 12—18. Tog. 71—parts. 45.—
>Communications of the experiment-station of sugar-cultivation „Oost-Java", Dutch East-Indies.
>For the continuation see the following nr.

459. —— **Mededeelingen** v. h. p r o e f s t a t i o n v o o r d e J a v a - s u i k e r i n d u s t r i e. Soerabaia, 1907—12. Vol. 1—3, nr. 28. 3 vols. (= 78 nrs.). bound. 120.—
>Communications of the experiment-station of the sugar-cultivation at Java.

460. **Stockholm.** — **Abhandlungen** der K g l. S c h w e d i s c h e n A k a d e m i e d e r W i s s e n s c h a f t e n, aus der Naturlehre, Haushaltungskunst und Mechanik, 1746, 1759—1778. Lpz. 1753, 62—83. Vol. 9, 21—40. 21 vols. bound. 100.—

461. —— **Arkiv** för b o t a n i k. Utg. av K. Svenska Vetenskapsakademien. Stockholm, 1903—26. Vol. 1—20. 200.—

462. **Suisse romande.** — **Journal** d'a g r i c u l t u r e s u i s s e. Le cultivateur de la S u i s s e r o m a n d e et la ferme suisse. Genève, 1879—1906. Year 1—28, of which 10 bound. 220.—

463. —— **Messager, Le.** Journal a g r i c o l e e t o r g a n e d e s s o c i é t é s o r n i t h o l o g i q u e s d e l a S u i s s e r o m a n d e. Fribourg, 1888—1905. Year 1—18. bound. 115.—
>3 nrs. and 1 index missing.

464. **Tectona.** B o u w k u n d i g t i j d s c h r i f t. Semarang, Buitenzorg, etc., 1908—27. Year 1—20. With index. 21 vols. bound. 800.—
>The principal periodical on forestry of the Dutch East Indies.

465. **Teysmannia.** Batavia, 1899—1922. 33 years. bound. 1250.—
>Very important periodical on botany, agriculture and tropical cultures of the Dutch East Indies. All published.

Prices are in guilders. One guilder = 40 Amer. cents. 1 $ = 2.50 guilders

466. **Tharand.** — **Jahrbuch, Forstwirthschaftliches.** Hrsg. v. d. Sachsischen Akademie für Forst- und Landwirthe zu Tharand. — *(Continued by:)* **Tharandter forstliches Jahrbuch.** Dresden, 1842—1928. Vol. 1—79. With suppl. and atlas. Tog. 88 vols. in 83, of which 77 bound. 1350.—

467. **Tidsskrift, Botanisk.** Udg. af den Botaniske Forening i Kjöbenhavn. Kjöbenhavn, 1866—1922. Vol. 1—37. In 31 vols., of which 16 hfcalf. 350.—

468. **Tjinjiroean.** — **Verslag** van de gouv. kina-onderneming te Tjinjiroean (Bandoeng) over 1917—1921. Bandoeng, 1918—22. 5 parts. 9.25
 Annual reports of the government cinchona plantation at Tjinjiroean.

469. **Torino.** — **Atti** della R. Accademia delle scienze di Torino. Classe di scienze fisiche, matematiche e naturali. Torino, 1904—27. Vol. 40—62. 26 vols. 120.—
 Vols. 57 and following contain also the „Classe di scienze morali, etc."
 Added: Osservazioni meteorologiche, 1904—15. 12 parts.

470. **Toscana.** — **Giornale agrario Toscano.** Firenze, 1827—50. Vol. 1—3, 6—24. — New series. Firenze, 1854—65. Vol. 1—12 (last published). — Tog. 34 vols. bound. 115.—
 1 titlepage and some pp. in 3 vols. missing.

471. **Treubia.** Recueil de travaux zoologiques, hydrobiologiques et océanographiques. Batavia, 1919—29. Vol. 1—10. With the supplements. 125.—

472. **Tropenpflanzer, Der.** Zeitschrift für tropische Landwirtschaft. Berlin, 1898—1921. Year 2—24, 25, part 1—9 With „Beihefte" 1—20, 21, part 1. 43 vols. 350.—
 2 maps missing.

473. **Tijdschrift** voor entomologie. 's-Grav. 1858—1926. Vol. 1—69. With the supplements. In 29 vols. bound. 775.—
 Journal of the Dutch entomological society.

474. **Tijdschrift** van het Indisch Landbouw-Genootschap. Semarang, 1871—84. Vol. 1—13, 14, part 1—7. bound. 120.—
 Journal of the Agricultural society of the Dutch East-Indies.
 All published. Vol. 14, part 1 missing.

475. **Tijdschrift, Natuurkundig,** voor Nederlandsch-Indië. Batavia, 1851—1929. Vol. 1—89. With tables. 91 vols., of which 53 bound. 800.—
 Important journal on the zoology, botany, geology and meteorology of the Dutch East-Indies.

476. **Tijdschrift** voor nijverheid en landbouw in Nederl.-Indië. Batavia, 1854—1917. Vol. 1—93, 94, part 1—2 With index. 95 vols., of which 71 bound. 450.—
 Journal on industries and agriculture in the Dutch East-Indies.
 5 parts, 3 titlepages and 3 indexes missing.

477. **Tijdschrift** over plantenziekten. Gent, Wageningen 1895—1925. Year 1—31, of which 5 bound. 250.—
 Dutch review of plant-disease.
 One titlepage and one index in ms.

Mart. Nijhoff, The Hague — Cat. No. 559

478. **Tijdschrift** voor v e e a r t s e n ij k u n d e en v e e t e e l t.
— *(Continued by:)* **Tijdschrift** voor d i e r g e n e e s k u n d e
Utrecht, 1863—1926. Vol. 1—53. With index. bound. 475.—
> Dutch journal on veterinary art.
> Titlepage and index to vol. 6 missing.

479. **Tijdschrift** der N e d e r l. D i e r k u n d i g e V e r e e n i-
g i n g. Leiden, 1872—1922. Vol. 1—series 2, vol. 18. With the
suppl. and indexes. 26 vols. 100.—
> Journal of the Dutch zoological society.

480. **Verslag** van den l a n d b o u w in N e d e r l a n d over 1858
—1900. 's-Grav. 1860—1903. 50 vols. 125.—
> Reports on Dutch agriculture.
> *Added*: Verslag over 1851 and 1856.
> 1874, part 2 missing.

481. **Verslag** van den staat der N e d e r l a n d s c h e z e e v i s-
s c h e r ij e n. 's-Grav. 1858—1911. 63 vols. in 35. bound.
150.—
> Annual reports on the Dutch sea-fisheries. All published. For the conitnuation see nr. 424.

482. **Verslag** omtrent den toestand v i s s c h e r ij e n in de
S c h e l d e en Z e e u w s c h e s t r o o m e n. Tholen, (1877
—1912). 36 vols. in 7, of which 5 bound. 35.—
> Reports of the fisheries situation of the Scheldt and Zealand streams.

483. **Verslag** van de verrichtingen van het C o l l e g e v o o r d e
v i s s c h e r ij, 1912—1918. 's-Grav. 1913—19. 7 vols. 15.—
> Annual reports of the College of Fisheries of the Netherlands. All published.

484. **Vierteljahresschrift für Forstwesen, Oesterreichische.** Wien,
1850—1928. Year 1—78, of which 66 in 60 vols. bound.
1550.—

485. **Wageningen.** — **Mededeelingen** van de r ij k s h o o g e r e
l a n d-, t u i n- en b o s c h b o u w s c h o o l. Wageningen,
1908—24. Vol. 1—27. 120.—
> Publications of the Dutch University of agriculture.

486. —— **Denkschriften** der k a i s e r l. A k a d e m i e d e r
W i s s e n s c h a f t e n. M a t h e m a t i s c h-n a t u r w i s-
s e n s c h a f t l i c h e K l a s s e. Wien, 1912—26. Vol. 75,
part 1, vol. 82, 87—100. 16 vols., of which 8 bound. 225.—

487. **Zeitung, Botanische.** Berlin 1843—1910. 68 vols. bound.
4750.—
> All published. All vols. in original edition.

Prices are in guilders. One guilder = 40 Amer. cents. 1 $ = 2.50 guilders

SUPPLEMENT

488. Acta helvetica, physico-mathematico-botanico-medica. Basil. 1751—77. 8 tom. 5 vol. Av. pl. 4to. veau. 40.—
　　Tout ce qui a paru. Les pp. 161—172 du t. VII manquent.

—— Même ouvrage. T. I—V. 4 vol. Av. pl. 4to. d. veau. 15.—

489. Clusius, C., Rariorum plantarum historia. Antv., J. Moretus, 1601. Av. titre gravé, portrait par de Gheijn, et de nombr. figg., grav. s. bois dans le texte. fol. vél. 120.—
　　Parmi les plantes décrites on trouve plusieurs espèces indiennes. Pp. 261—295: Fungi.
　　Bel ex. avec le très beau portrait, qui manque à la plupart des exx.

490. Congo. — **Annales** du M u s é e d u C o n g o b e l g e. Brux. 1898—1928. 68 vols. 700.—
　　Complete up to the end of 1928.

491. Dalgado, D. Y., Vires plantarum Malabaricarum on virtudes das plantas do Malabar extrahidas do „Hortus Indicus Malabaricus" de H. van Rheede. Bastorá, Gôa, 1896. 8vo. cart. 16.—
　　Nombreuses corrections à la plume.

492. 150 Ecrits sur l'anatomie et l'histologie des plantes. en allemand, anglais, français et italien p. Baccarini, Burgerstein, Haberlandt, McKay Wiegand, Saccardo, Schaffner, Worsdell, e. a. 1880—1911. Av. pl. 30.—

493. Hunger, F. W. T., Cocos nucifera. Handboek voor de kennis v. de cocos-palm in Nederl.-Indië, zijne geschiedenis, beschrijving, cultuur en producten. 2e veel verm. dr. Amst. 1920. Av. 2 cartes, 92 pl., dont 9 en couleurs et 34 figg. gr. in-8vo. br. (40.—) 20.—

494. Manche. — **Notices,** mémoires et documents publ. par la S o c i é t é d'a g r i c u l t u r e, d'a r c h é o l o g i e e t d'h i s t o i r e n a t u r e l l e d u d é p a r t e m e n t d e l a M a n c h e. Saint-Lo, 1851—1928. Vol. I—XL. 200.—

496. Pallas, P. S., Voyages en différ. provinces de l'empire de Russie, et dans l'Asie Septentrionale. Trad. de l'Allem. p. Gauthier de La Peyronie. Paris, 1788—93. 5 vol. 4to. Av. Atlas de 124 pl. fol. d. veau, n. r. *Bel ex.* 25.—
　　65 planches représentent des plantes, des fleurs et des arbres.

497. Seba, A., Description exacte des principales curiositez naturelles. — Locupletiss. rerum naturalium thesauri descriptio. (Texte latin et français). Amst., J. Wetstein, e.a., 1734—65. 4 vol. Av. beau front. p. P. Tanyé, portrait p. J. Houbraken d'après J. M. Quinkhard et 449 belles planches gravés p. P. Tanyé, e. a. gr. in-fol. veau. 200.—
　　Ouvrage monumental qui donne un bel exemple du pouvoir tant des imprimeurs que des graveurs néerland. du 18e siècle. Les planches contiennent des milliers de figg., représentant les objets de la nature, qui formaient le cabinet célèbre de M. Seba.
　　Bel ex. de toute fraîcheur et grand de marges.

MARTINUS NIJHOFF — PUBLISHER — THE HAGUE

Just out:

Freilebende Marine Nematoden aus den Umgebungen der staatlichen zoologischen Station Kristineberg an der Westkueste Schwedens

VON

Dr. CARL ALLGÉN.

1929. IV and 53 pp. With 30 figures on 4 plates. royal 4to. Price 9 guilders ($ 3.60)

Forms part 8 of volume II of

CAPITA ZOOLOGICA

TRANSACTIONS ON SYSTEMATIC ZOOLOGICAL SUBJECTS

UNDER THE EDITORSHIP OF

Prof. Dr. E. D. VAN OORT

DIRECTOR OF THE STATE MUSEUM OF NATURAL HISTORY AT LEYDEN

Formerly published:

Volume I, part 1. 1921. DE MAN, Nouvelles recherches sur les nématodes libres terricoles de la Hollande. 10 guilders ($ 4)
Volume I, part 2. 1921. STIASNY, Studien über Rhizostomeen, mit besonderer Berücksichtigung der Fauna des Malaiischen Archipels nebst einer Revision des Systems. 16 guilders ($ 6.50)
Volume I, part 3. 1922. MICHAELSEN, Oligochäten aus dem Rijks-Museum van Natuurlijke Historie zu Leiden. 6 guilders ($ 2.50)
Volume I, part 4. 1922. BECKER, Dipterologische Studien — Dolichopodinae der Indo-Australischen Region. 24 guilders ($ 9.60)

The price of Volume I, 562 pp. with 39 illustrations in the text and 309 illustrations on 38 plates, royal 4to, bound in buckram, is 60 guilders ($ 24.—)

Volume II, part 1. 1923. FRIEDERICHS, Oekologische Beobachtungen über Embiidinen. 4 guilders ($ 1.60)
Volume II, part 2. 1923. ROUX, Crustacés d'eau douce de l'Archipel Indo-Australien. 2.40 guilders ($ 1)
Volume II, part 3. 1923. MASAMITSU OSHIMA, Fauna Simalurensis Termitidae. 3.60 guilders ($ 1.50)
Volume II, part 4. 1926. KLEINE, Die Brenthiden der Niederländischen Ost-Indischen Kolonien. 9 guilders ($ 3.60)
Volume II, part 5. 1927. DE MAN, A contribution to the knowledge of 21 species of the Genus Upogebia Leach. 9 guilders ($ 3.60)
Volume II, part 6. 1928. DE MAN, A contribution to the knowledge of 22 species and 3 varieties of the Genus Callianassa Leach. 10 guilders ($ 4)
Volume II, part 7. 1929. KREIS. Freilebende Marine Nematoden von der Nordwest Küste Frankreichs (Trébeurden: Côtes du Nord).
9 guilders ($ 3.60)

N.B. For subscribers to Volume II the price of Volume I is only **30 guilders** ($ 12) as long as Volume II is not completed.

GPSR Compliance

The European Union's (EU) General Product Safety Regulation (GPSR) is a set of rules that requires consumer products to be safe and our obligations to ensure this.

If you have any concerns about our products, you can contact us on

ProductSafety@springernature.com

In case Publisher is established outside the EU, the EU authorized representative is:

Springer Nature Customer Service Center GmbH
Europaplatz 3
69115 Heidelberg, Germany

www.ingramcontent.com/pod-product-compliance
Lightning Source LLC
Chambersburg PA
CBHW071722100426
42873CB00016B/370